"十四五"高等学校美术与设计应用型规划教材

总主编：王亚非

工业设计制图

王 卓 陈 骏 编著

西南大学出版社
SWUP
国家一级出版社 全国百佳图书出版单位

图书在版编目（CIP）数据

工业设计制图 / 王卓, 陈骏编著. — 重庆：西南大学出版社, 2023.1（2024.11重印）

ISBN 978-7-5697-1505-7

Ⅰ.①工… Ⅱ.①王… ②陈… Ⅲ.①工业设计—工程制图—高等学校—教材 Ⅳ.①TB47

中国版本图书馆CIP数据核字（2022）第083137号

"十四五"高等学校美术与设计应用型规划教材
总主编：王亚非

工业设计制图
GONGYE SHEJI ZHITU
王卓 陈骏 编著

总 策 划：龚明星 王玉菊 周 松
执行策划：鲁妍妍
责任编辑：鲁妍妍 龚明星
责任校对：邓 慧
封面设计：霍 楷
排 版：黄金红 卢 可
出版发行：西南大学出版社（原西南师范大学出版社）
地 址：重庆市北碚区天生路2号
印 刷：重庆恒昌印务有限公司
幅面尺寸：210 mm × 285 mm
印 张：8.25
字 数：244千字
版 次：2023年1月 第1版
印 次：2024年11月 第2次印刷
书 号：ISBN 978-7-5697-1505-7
定 价：65.00元

序

当下，普通高校毕业生面临“‘超前’的新专业与就业岗位不对口”“菜鸟免谈”“毕业即失业”等就业难题，一职难求的主要原因是近些年各普通高校热衷于新专业的相互攀比、看重高校间的各类评比和竞争排名，人才培养计划没有考虑与社会应用对接，教学模式的高大上与市场需求难以融合，学生看似有文化素养了，但基本上没有就业技能。如何将逐渐增大的就业压力变成理性择业、提升毕业生就业能力，是各高校急需解决的问题。而对于普通高校而言，如果人才培养模式不转型，再前卫的学科专业也会被市场无情淘汰。

应用型人才是相对于专门学术研究型人才提出的，以适应用人单位为实际需求，以大众化教育为取向，面向基层和生产第一线，强调实践能力和动手能力的培养。同时，在以解决现实问题为目的的前提下，使学生有更宽广或者跨学科的知识视野，注重专业知识的实用性，具备实践创新精神和综合运用知识的能力。因此，培养应用型人才既要注重智育，更要重视非智力因素的动手能力的培养。

根据《教育部 国家发展改革委 财政部关于引导部分地方普通本科高校向应用型转变的指导意见》，推动转型发展高校把办学思路真正转到服务地方经济社会发展上来，转到产教融合校企合作上来，转到培养应用型技术技能型人才上来，转到增强学生就业创业能力上来，全面提高学校服务区域经济社会发展和创新驱动发展的能力。

目前，全国已有 300 多所地方本科高校开始参与改革试点，大多数是学校整体转型，部分高校通过二级学院开展试点，在校地合作、校企合作、教师队伍建设、人才培养方案和课程体系改革、学校治理结构等方面积极改革探索。推动高校招生计划向产业发展急需人才倾斜，提高应用型、技术技能型和复合型人才培养比重。

为配套应用型本科高校教学需求，西南大学出版社特邀国内多所具有代表性的高校美术与设计专业的教师参与编写了此套既具有示范性、引领性，能实现校企产教融合创新，又符合行业规范和企业用人标准，能实现教学内容与职业岗位对接和教学过程与工作流程对接，更好地服务应用型本科高校教学和人才培养的好教材。

本丛书在编写过程中主要突出以下几个方面的内容：

（1）专业知识，强调知识体系的完整性、系统性和科学性，培养学生宽厚的专业基础知识，尽量避免教材撰写专著化，要把应用知识和技能作为主导。

（2）创新能力，对所学专业知识活学活用，实践教学环节前移，培养创新创业与实战应用融合并进的能力。

（3）应用示范，教材要好用、实用，要像工具书一样传授应用规范，实践教学环节不单纯依附于理论教学，而是要构建与理论教学体系相辅相成、相对独立的实践教学体系。试行师生间的师徒制教学，课题设计一定要解决实际问题，传授“绝活儿”。

本丛书以适应社会需求为目标，以培养实践应用能力为主线。知识、能力、素质结构围绕着专业知识应用和创新而构建，使学生不仅有“知识”“能力”，更要有使知识和能力得到充分发挥的“素质”，应当具备厚基础、强能力、高素质三个突出特点。

应用型、技术技能型人才的培养，不仅直接关乎经济社会发展，更关乎国家安全命脉。希望本丛书在新的高等教育形势下，能构建满足和适应经济与社会发展需要的新的学科方向、专业结构、课程体系。通过新的教学内容、教学环节、教学方法和教学手段，以培养具有较强社会适应能力和竞争能力的高素质应用型人才。

2021年11月30日

前言

当代工业设计教育，旨在培养从中国制造向中国创造转变，适应各行各业发展，服务于区域经济、社会和文化建设与发展战略的应用型人才，同时要求学生掌握扎实的设计工程基础知识，具备设计信息分析与整合、设计表达、设计创新和实践等综合能力，具有良好的团队合作精神，成为素质全面、基础扎实、实践能力强、协同意识好，并具有国际视野，能够适应社会与市场需求的应用型创新设计人才。

应用型工业设计人才的培养，要紧密围绕产业及市场需求，强化设计实践教学，努力构建多学科交叉融合的教育科学体系，完善以应用型人才为主的培养模式的建设。工程基础类课程是工业设计专业学生大学四年所学习知识体系的重要组成部分，是将设计理念与科学知识相结合的重要知识基础，是当前被大多企业公认的工业设计人才的基本素质之一。

工业设计制图课程主要讲授工业设计中产品参数化表达，即设计图样的绘制。工业设计师除了要具备产品造型基础，还必须掌握工业设计通用的技术语言——工程图绘制，把设计方案清晰、准确地表达在图纸上，以便展现产品的造型、结构、工艺等多方面设计内容。工业设计的图纸是沟通技术信息的必要文件，也是审定设计方案、规模化制造的统一标准，保证按照图纸标准，以用准确的造型特征批量生产。

如果没有掌握工业设计制图，那么设计师所构想的方案只能停留在脑海或草图状态，无法转化为参数化图纸。如果没有图纸，产品在生产过程中就没有技术依据、标准，不能适应工业生产方式，更不能进行后续的制造流程，同时难以区分设计、制造等方面的技术职责，产品研发往往会以无序和失败而告终。因此，工业设计制图是一门重要的专业基础学科，是工业设计专业从业者的必修课程，是产品造型和结构表达必须具备的基本技能。

“工业设计制图”是工业设计的一门专业基础课，是专门针对工业设计专业学生，参考机械类专业工程制图教学基本要求，经过不断改进，着重培养学生设计工程表达能力的课程。要求学生通过学习，对国家制图标准和相关设计行业标准有一定的了解，通过学习投影理论与制图方法，进行空间逻辑思维、空间形象思维和空间造型能力训练，培养学生识读、绘制工程设计图样的能力，进行工业产品造型设计，同时培养学生规范严谨、认真细致的工作态度。

“工业设计制图”对学生来说是比较枯燥、乏味的课程。本书通过工业设计实际案例和设计实践案例，对制图中的理论、方法等进行详细展示，不仅能够提升学习效果，也能激发学生的学习兴趣，从而在潜移默化中提升学生读图、分析及应用能力。

近年来，各行各业对于设计需求不断提升，弘扬“追求极致、精益求精”的钻研精神，在学习工业设计制图过程中是非常必要的。本书在讲授设计制图理论知识的同时，也从课程思政教育、工业设计核心能力出发，结合课程知识模块、教学内容和课程要求，在学习过程中通过具体的题目进行训练，做到有的放矢。例如：在制图中，强调图线粗细规范、严格执行制图标准等细节问题，引导学生在执行国家标准的同时规范设计意识并保持严谨的工作作风，进而扩展到设计师的职业素养、责任与担当，专注专业，树立正确的职业道德观与人生观。

课时计划 （建议 64 学时）

章	节	学时	总学时
第一章 图学概述		1	1
第二章 制图基本知识	第一节 常用绘图工具和仪器的使用	1	3
	第二节 几何作图	2	
第三章 制图国家标准	第一节 图纸幅面和标题栏	1	4
	第二节 线型（GB/T 4457.4-2002 图线）	1	
	第三节 字体与比例	1	
	第四节 尺寸（GB/T 4458.5-2003 尺寸注法）	1	
第四章 投影法绘制几何体	第一节 投影法概述	2	16
	第二节 点、线、面的投影	6	
	第三节 基本体的投影	8	
第五章 绘制组合体三视图	第一节 立体截交线	8	20
	第二节 组合体投影	8	
	第三节 轴测图	4	
第六章 绘制产品图样	第一节 产品基本视图	2	12
	第二节 剖视图	4	
	第三节 断面图	2	
	第四节 局部放大图	1	
	第五节 简化画法	1	
	第六节 常用连接件的画法	1	
	第七节 零件图与装配图	1	
第七章 产品设计制图实例	第一节 “按压式水性笔”零件图与装配图	4	8
	第二节 制图范例	4	
合计			64

二维码资源目录

目 录

教学导引

一、教学目标

工业设计制图是工业设计专业和产品设计专业的基础课，是本专业学生必须掌握的一项重要的技术本领。

通过学习，学生能够对国家制图标准、设计行业相关标准有一定的了解，能够正确地使用绘图仪器及工具。通过学习投影理论、产品制图基础理论知识和表达方法，学生能够具备识读产品图样的能力，并能够绘制产品图样，表达设计意图。经过专业的学习和训练，培养学生的设计工程能力，以理性的方法分析问题和解决问题，建立起专业、严谨的工作态度，为后续专业课程学习或从事设计行业奠定一定的工程表达基础。

通过学习本教材，能够进行产品设计基本工程图形的表达，正确理解并掌握产品制图的国家标准，形成严谨的设计表达方法；通过学习投影法基本理论，掌握正投影法的基本表达和应用，进而培养学生的空间思维能力，掌握产品视图放置、相对位置关系和外观尺寸标注，培养学生空间几何的图解能力。

此外，本书有意识地培养学生的自学能力、创造能力和审美能力，使学生能够按照国家标准，通过查阅技术资料自主学习。学生通过学习，培养绘图和读图能力，并通过设计实践巩固和加深制图技能。

二、内容框架

本书分为基础理论和产品图样及范例两个部分，由易到难，分段式教学如表 0-1 所示。

基础理论包括制图的国家标准和基本要素的投影理论，从设计制图规范，即从点、线、面的投影特性学习，到平面与立体、立体与立体相交分析，再到组合体及三视图学习。根据学生的特点，在基础理论部分内容安排上力求简明扼要、易懂，图例直观说明。

表 0-1 工业设计制图的知识模块与内容要求

讲授内容	课程要求	课程知识点
制图基本知识	几何作图	1. 常用绘图工具和仪器的使用；2. 几何作图。
制图国家标准	绘制零件平面图	1. 图纸幅面和标题栏; 2. 线型; 3. 字体与比例; 4. 尺寸。
投影法绘制几何体	制作几何体模型，并用投影法绘制出该模型的三视图	1. 投影法概述；2. 点线面投影；3. 基本体投影。
绘制组合体三视图	制作多平面截切棱柱和棱锥及组合体模型，并绘制其三视图	1. 立体截交线；2. 组合体视图的绘制；3. 轴测图。
绘制产品图样	对产品进行拆解、测绘，绘制出产品外形图	1. 产品基本视图；2. 剖视图；3. 断面图 4. 局部放大图；5. 简化画法；6. 常用连接件的画法；7. 零件图和装配图。
产品设计制图实例	对产品进行拆解、测绘，绘制出产品各部件图样及装配图	复杂产品的绘制步骤及装配图。

产品图样及范例部分从产品造型外部表达，采用我国最新颁布的有关机械制图方面的国家标准绘制，如产品设计的六视图、向视图、斜视图等，到产品内部结构表达，如剖视图、断面图等，再到零件图与装配图的绘制，最后是设计实践案例解析。案例呈现的产品各具代表性，各产品结构、材料迥异，采用不同的工程图样表现形式，并标注了产品的材料、工艺等，兼顾典型性和一般性。

三、教学特点

本书重视基本理论知识与案例教学相结合，旨在满足应用型工业设计专业的教学需要，重点体现在：

不但强调工业设计具有艺术学专业特性，而且又属于工学门类，在这一共性要求下，本书重视对常用零件、产品零部件及结构的绘图讲解，以达到教学内容的深度、广度。

深入理解和把握工业设计制图的学科背景、课程定位及教学目标，用相关工业设计案例进行讲解、练习，增强学生学习兴趣，同时对工业设计制图的重要性达成共识。

本书除了介绍了制图的基本理论之外，更注重对学生的空间想象能力、分析问题能力、动手能力的培养。增加一次大作业或课程设计的教学环节，让学生对现有实际产品进行拆解（图0-1），如电子类产品、三防产品、钣金类产品等，并绘制产品图样，包括外形图和内部连接结构图，理论联系实际，培养学生的工程意识和工程能力。此外，还可以从课程体系来进行改革，对学生制图能力进行培养，如后面的专业课程部分或全部要求利用制图相关知识来表达相应的设计信息等，即用专业的方式进行设计。

图 0-1

四、设计制图与思政的融合

本书以社会主义核心价值观为导向，以“立德树人”教学为目标，培养学生的创新设计理念、价值取向、社会责任，提高学生缘事析理、明辨是非的能力，使学生成为德才兼备、全面发展的高素质人才。

从图学的发展讲解，激发学生的国家自豪感，同时告诉学生我国的制造业水平在核心关键技术和生产工艺等方面，与世界制造强国相比，还存在一定的差距。引导学生肩负起时代赋予的责任和使命，为实现中华民族伟大复兴的中国梦而奋斗。

诚信作为培育和践行“社会主义核心价值观”的重要内容之一，对个人发展甚至国家发展都至关重要。教材结合产品制图课程，在案例中引导学生凡事从诚信、细节做起，让学生自觉遵守法律法规，尊重知识产权，同时强化学生对工程图样的保密意识，自觉培养良好的职业道德。育人要求与课程内容结合如表 0-2 所示。

表 0-2 工业设计制图的知识模块与育人要求

知识模块	讲授内容	思政衔接点	课程育人要求
制图标准与平面图形的绘制	中国工程图学发展简史；机械制图国家标准与技术规范；分析平面图形并完成几何作图	图学发展简史与文化自信；国标规范与知识产权；几何作图与工匠精神	培养学生学习专业、立志成才的意识；养成执行国家标准和生产规范的设计意识；深刻理解工匠精神的内涵与实质
绘制组合体三视图	几何元素的投影特性；基本立体的投影规律；组合体组成形式及表面交线；三视图的画法与尺寸标注；轴测图的绘制	第一角画法与制图规范；形体分析的逐层推进与现实事物认知规律；绘图实践训练与精益求精的匠人品格；识图能力与量变哲学	彰显设计师的责任与担当；形成“由简到繁、层层递进”“化繁为简、逐一解决”的处事规则；塑造恪尽职守、追求卓越的匠心品质；促进读图能力的快速提升
绘制产品图样	局部视图、斜视图、全剖视图、半剖视图、移出断面图、局部放大图；规定画法与简化画法	机件表达方法与个性化问题分析；图样绘制步骤要求与遵守法纪；绘图表达的严谨性与责任意识	认识物体表达方法的多样性，引入换位思考，学会感恩和理解；严格按照表达方法要求进行绘图，提高守法意识；充分认清图样表达失误可能产生的危害，增强质量责任意识
典型产品拆装测绘	典型产品结构的表达方案；尺寸标注的工艺性与加工技术要求；使用合适的量具对产品进行测绘并拆画产品结构图；标准件的选用	视图表达与创新精神，整体与局部间的内在关系；零件的表面质量与成本意识；常见部件的拆装测绘与团队沟通协作；标准件的选用与产品成本	根据产品结构特点来激发学生发散思维，设计制定科学合理的表达方案；清醒认识到国产设备精度与世界先进水平存在的差距，激发学生开拓进取、不断创新的意识；分组开展装配体拆装测绘实训，增强学生的团队协作精神；认识成本控制和图纸管理对企业发展的重要性，树立正确的职业道德观

CHAPTER 1

第一章

图学概述

约 10000 年前，在新石器时代，中国古人开始能在器物上绘制一些简单的图形、花纹，具备有目的图示能力。2000 多年前，春秋时代的一部技术著作《周礼·考工记》中，便有利用规、矩、绳、墨、悬、水等进行作图和生产的记载。战国时期，各诸侯国就已开始运用设计图来指导工程建设或攻防器械等军事机械制造。至宋代，李诫编撰的《营造法式》中记载“举折之制，先以尺为丈，以寸为尺，以分为寸，以厘为分，以毫为厘，侧画所建之屋于平正壁上，定其举之峻慢，折之圆和，然后可见屋内梁柱之高下，卯眼之远近”，对群体建筑的布局设计及构件比例、尺寸等进行了规范，成为北宋官方颁布的建筑设计施工标准。

在我国古代的建筑图样中，比例是施工图严格遵守的规则，图样绘制是单线勾勒，界尺作线，绘图工具的使用是制图从绘画中分离出来的重要一环。在众多亭台楼阁的绘画作品中，“设计师”们按照建筑的尺度，以一定比例进行绘制，这是古代工程制图走向数学化、精确化的标志，也反映了古代图学工作者求真务实的严谨作风。

工程制图中的平行投影理论，早在战国时期的《兆域图》中就有清晰体现。1977 年河北省平山县战国中山王墓出土的《兆域图》（约成图于公元前 300 年）是一幅采用 1 ∶ 500 的比例尺的陵墓规划施工铜版图，该图以平行投影法“绘制”，几乎与现代制图方法别无二致，是世界上极为罕见的早期工程图样。

在宋代《营造法式》《考古图》《重修宣和博古图》等著作里，不仅有所绘物体单面视图，还有各部件的组合视图，且组合视图采用了主视图和左视图、主视图和俯视图相结合的展现方式。《营造法式》中大量采用了平行投影法和中心投影法绘制建筑及构建的正投影图和轴测图，结合平面图、透视图的运用，以及不同线型使用、文字技术说明等让设计规范化且易于理解（图 1-1）。《营造法式》充分反映出我国古代工程制图的科学化、规范化和标准化，为近代工程图学的发展奠定了坚实的基础。

1799 年法国学者加斯帕尔·蒙日发表《画法几何学》一书，提出用多面正投影图表达空间形体，为画法几何奠定了理论基础。以后各国学者又在投影变换、轴测图等方面不断提出新的理论和方法，使这门学科日趋完善。画法几何学、工程图学的广泛应用，使机器制造大规模出现，对世界工业发展起到重要作用，成为人类文明的里程碑。

图学史在我国历史上曾经取得了一些成就，但由于社会的发展局限，直至新中国成立前的近百年时间，半封建半殖民地的国家状态，致使工程图学研究发展近乎处于停滞状态，同时缺乏完整的科学理论体系。

中华人民共和国成立后，工程图学研究迎来大发展时期。20 世纪 50 年代，我国著名学者赵学田教授编写的《机械工人速成看图》中就简明而通俗地总结了三视图的投影规律“长对正、高平齐、宽相等”。1956 年机械工业部颁布了第一个部颁标准《机械制图》，1959 年国家科学技术委员会颁布了第一个国家标准《机械制图》，1973 年又颁布了国家标准《建筑制图标准》，使全国工程图样标准得到了统一，这标志着我国工程图学进入了一个崭新的发展阶段。

20 世纪 70 年代后，随着计算机技术的快速发展，计算机辅助绘图设计已深入应用于工程图学领域，计算机绘图软件如雨后春笋般发展起来。常见的工程绘图设计软件有 Adobe AutoCAD 以及国产 CAXA CAD 电子图板，这些软件拥有强大易用的图形绘制和编辑功能，软件内置了不同行业的参数化图库，以及多种标准件和模块等，不但让设计工作变得严谨细致，更让设计师专注于设计工作，大大提升了工作效率。

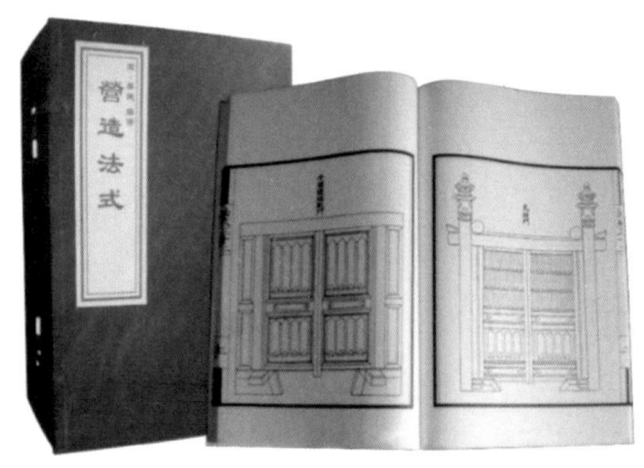

图 1-1 宋代《营造法式》及插图

CHAPTER 2

第二章

制图基本知识

相关知识点

1. 常用绘图工具和仪器的使用
2. 几何作图

能力目标

1. 掌握学习方法，培养良好的学习习惯和自学能力。

2. 能熟练地使用各种绘图工具和仪器绘图，具有几何作图的基本能力。

3. 具有熟练绘制平面图形的能力，学会分析平面图形的尺寸。具有计算机绘图和徒手画草图的能力。培养自主学习能力。

育人目标

1. 结合社会最新发展及中国制造业的现状，引导学生树立远大理想和爱国主义情怀，明确学习目标，树立正确的世界观、人生观、价值观，勇敢地肩负起时代赋予的光荣使命，提高思想政治素质；培养责任感和使命感；端正学习态度，掌握正确的学习方法，培养良好的学习习惯。

2. 强调作图线型、位置定位的重要性，培养工匠精神；在绘图技能的训练中，培养学生敬业、精益、专注、创新等方面的工匠精神，以及认真负责、踏实敬业的工作态度和严谨求实、一丝不苟的工作作风；增强团队合作意识和助人为乐的品质。

第一节 常用绘图工具和仪器的使用

常用绘图工具及仪器有图板、丁字尺、三角板、圆规等。常用绘图用品有绘图纸、绘图铅笔、砂纸、擦图片、橡皮、胶带、墨水、刀片等。

一、图板

图板主要用来固定图纸。它一般是用胶合板制成，板面光滑平整，四边由平直的硬木镶边，其左侧边称为导边。常用的图板规格有 0 号、1 号和 2 号，如图 2-1 所示。

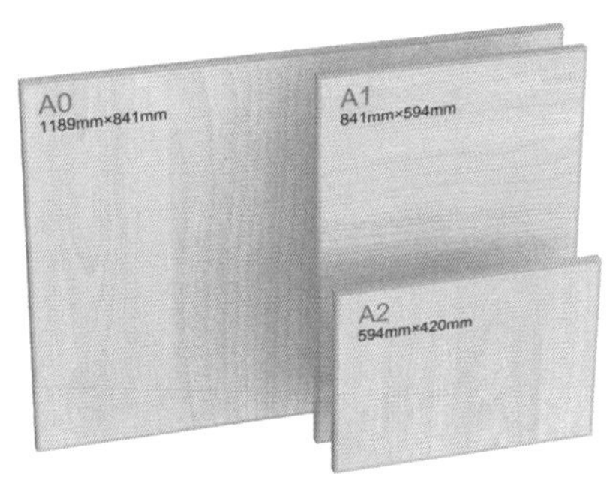

图 2-1 图板

二、丁字尺

丁字尺有木质和有机玻璃两种，它由相互垂直的尺头和尺身组成，如图 2-2 所示。使用时，左手扶住尺头，将尺头的内侧边紧贴图板的导边，上下移动丁字尺，自左向右，可画出不同位置的水平线，使用方式如图 2-3 所示，使用完后应悬挂放置，以免尺身弯曲变形。

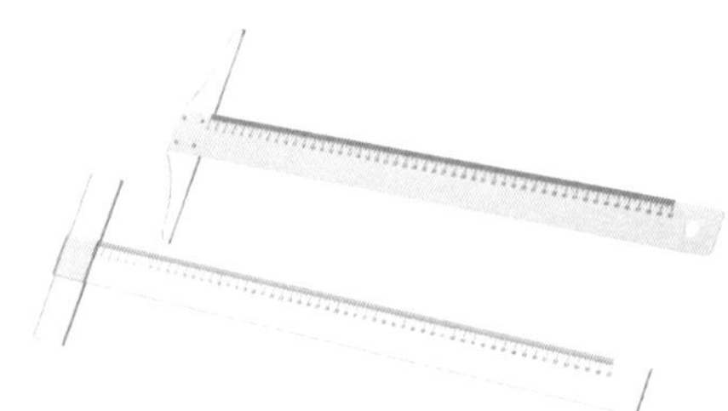

图 2-2 丁字尺

三、三角板、直尺和量角器

三角板一般由有机玻璃制成，一副三角板由一块锐角角度为 45° 的等腰直角三角板和一块两个锐角分别为 30° 、60° 的直角三角板组成，配合量角器的使用可增大绘图角度范围，如图 2-4 所示；三角板与丁字尺配合使用可画垂直线和倾斜线。

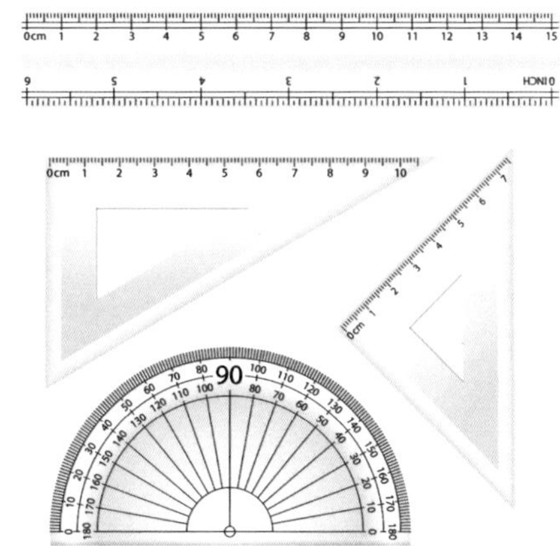

图 2-4 三角板、直尺和量角器

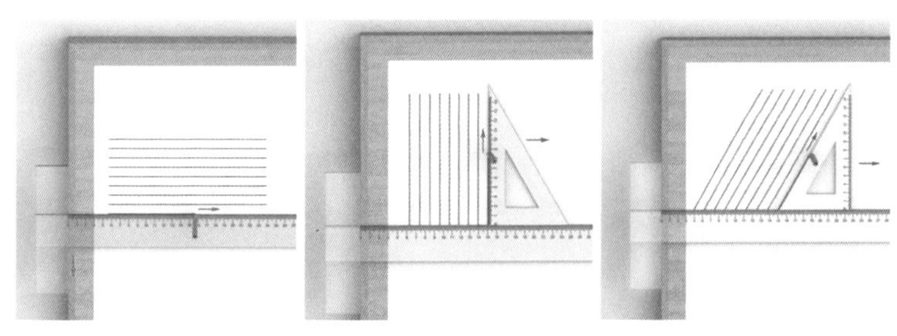

图 2-3 丁字尺的使用方式

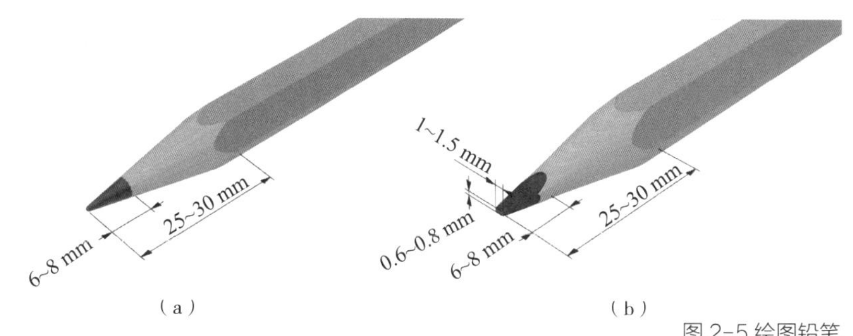

图 2-5 绘图铅笔

四、铅笔

绘图铅笔用 B 和 H 代表铅芯的软硬程度，B 的号数越大则铅芯越软，H 的号数越大则铅芯越硬，HB 表示软硬适中的铅芯。通常使用 H 或 2H 的铅笔画细实线，用 HB 或 H 的铅笔写字，用 B 或 HB 的铅笔画粗实线。图 2-5（a）笔头尖的铅笔用于画细实线和写字，图 2-5（b）这类铅笔用于画粗实线。

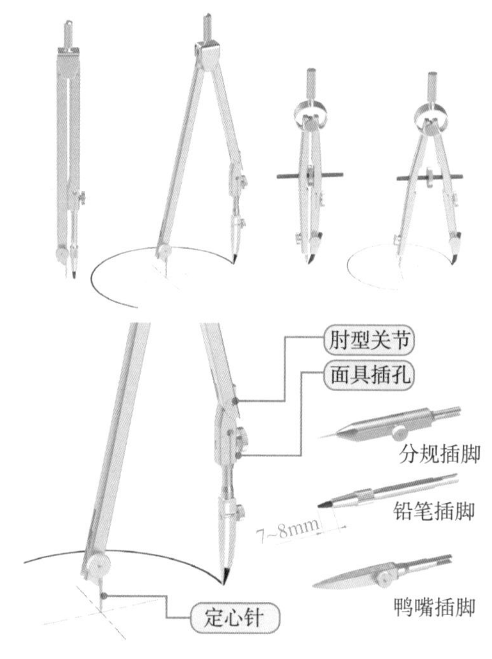

图 2-6 圆规

五、圆规、分规

圆规是画圆和圆弧的工具。圆规有两只脚，其中一只脚上有活动针尖，针尖两端为一短尖一长尖，短尖是画圆或圆弧时定心用的，长尖作分规用；另一只脚上有活动关节，可随时装换铅芯插脚、鸭嘴插脚、作分规用的锥形钢针插脚，如图 2-6 所示。

六、其他常用绘图工具

1. 曲线板

曲线板是绘制非圆曲线的常用工具，如图 2-7 所示。画线时，先徒手将各点轻轻地连成曲线，然后在曲线板上选取曲率相当的部分，分几段逐次将各点连成曲线，但每段都不要全部描完，至少留出后两点间的一小段，使之与下段吻合，以保证曲线的光滑连接。

图 2-7 曲线板

2. 比例尺

比例尺常为木质三棱柱体，故也称为三棱尺，在它的三面刻有六种不同的比例刻度，如图 2-8 所示。绘图时，应根据所绘图形的比例，选用相应的刻度，直接进行度量无需换算。

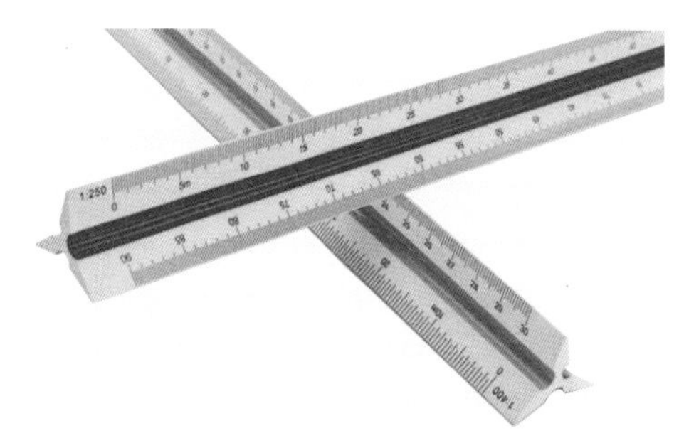
图 2-8 比例尺

3. 画笔

（1）鸭嘴笔：鸭嘴笔是描图的专用工具，其特点是可以根据需要调整线宽。墨线的宽度由鸭嘴笔笔头上两钢片间的距离来确定，两钢片的距离可通过调节螺母进行调整。使用时应先在两钢片之间加注墨水，墨水高度以5~6 ml为宜，然后调节两钢片间的距离，在一张草稿纸上试画，试画至合适的宽度后再开始正式画线，使用完毕应放松调节螺母，并用软布将钢片擦拭干净。

（2）针管笔：针管笔也是描图的专用工具，其特点是一杆笔一种线宽，描图时需要一组对应线宽的针管笔。针管笔主要由笔囊和笔尖组成。笔囊用来储存描图墨水；常用笔尖有三种规格，画线宽度分别为0.3mm、0.6mm、0.9mm。使用针管笔描图，不必经常添加墨水，也不需要调整线型宽度，用其绘图可提高描图的质量和效率。（图2-9）

图2-9 鸭嘴笔和针管笔

4. 专用模板与擦图片

专用模板是绘制常用图形符号的专用工具，专用模板上有各种常用的符号。绘制一些符号时，直接用模板套画，可大大提高绘图效率。

擦图片是绘图中修改错误线条的工具。擦图片上有许多不同形状的槽孔，包括长条形、方形、三角形、圆弧条形、圆形等，除擦除直线外，也适用于各种曲线和转角。在线条密集的情况下，使用擦图片遮挡，可以有效保护不该擦去的绘图区域，如图2-10所示。

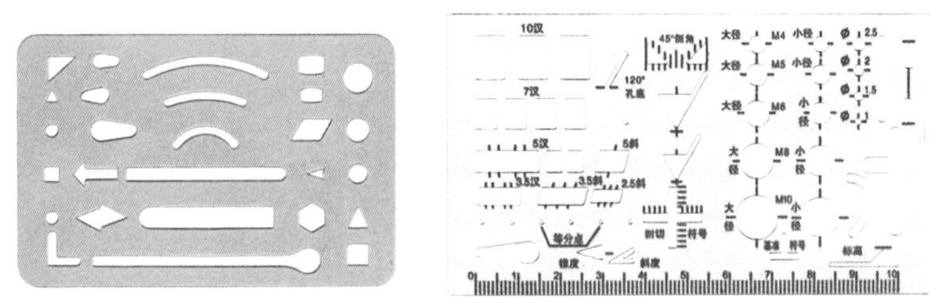

图2-10 专用模板与擦图片

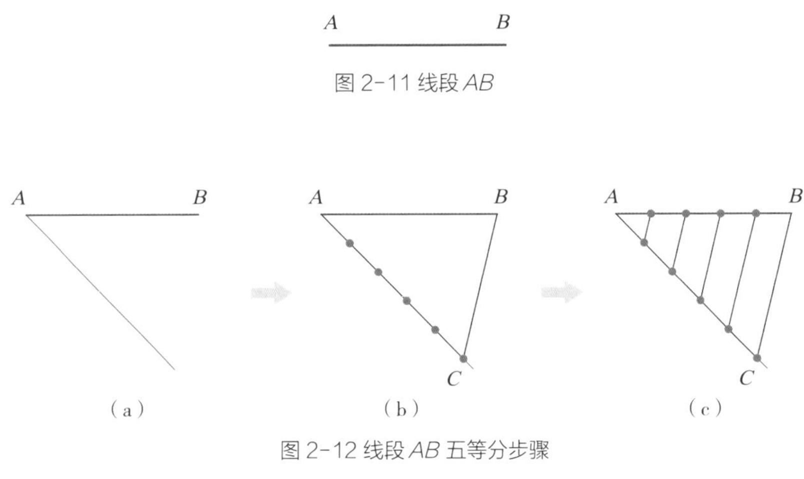

图2-11 线段*AB*

图2-12 线段*AB*五等分步骤

第二节 几何作图

一、等分直线段

在绘制图形时，经常需要将线段分成若干等份，其原理是利用相似三角形的平行截割法进行等分，下面举例来说明线段等分的步骤。如图2-11所示，将线段*AB*五等分。具体步骤：过*A*点作不与*AB*重合的任意直线如图2-12（a）所示；在直线上取等分的五个点，将最后一个点 C 与 B 点连接如图 2-12（b）所示；过每个等分点作 BC 的平行线，在直线 AB 上得到的点就是 AB 的五等分点，如图 2-12（c）所示。

二、等分圆周和作正多边形

用丁字尺与 30° 三角板作圆周的三、六等分，如表 2-1 所示。

用圆规作圆周的三、六等分，如表 2-2 所示。

用丁字尺与 30° 三角板作正六边形，如表 2-3 所示。

表 2-1 丁字尺与 30° 三角板作圆周的三、六等分

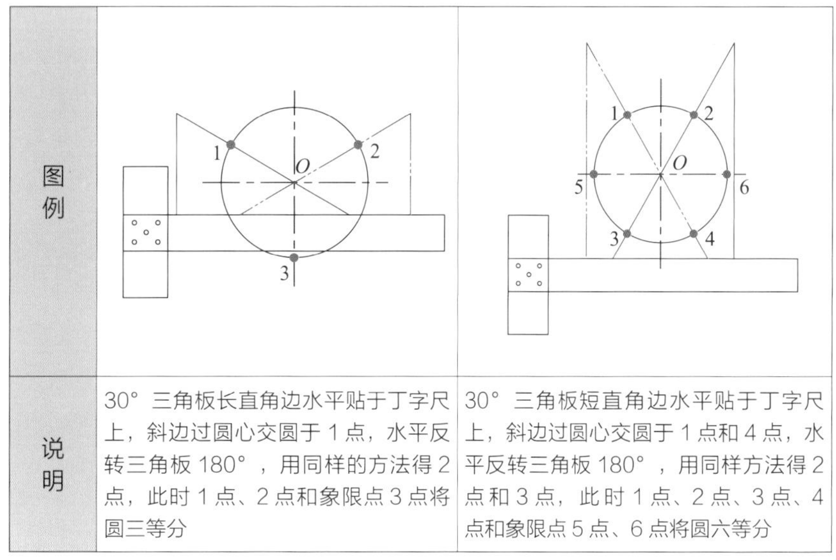

图例	1, 2, O, 3	1, 2, O, 5, 6, 3, 4
说明	30° 三角板长直角边水平贴于丁字尺上，斜边过圆心交圆于 1 点，水平反转三角板 180°，用同样的方法得 2 点，此时 1 点、2 点和象限点 3 点将圆三等分	30° 三角板短直角边水平贴于丁字尺上，斜边过圆心交圆于 1 点和 4 点，水平反转三角板 180°，用同样方法得 2 点和 3 点，此时 1 点、2 点、3 点、4 点和象限点 5 点、6 点将圆六等分

表 2-2 圆规作圆周的三、六等分

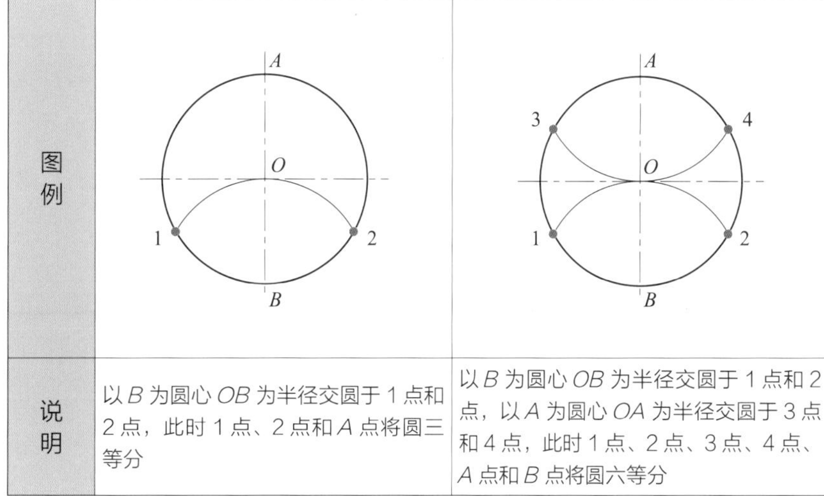

图例	A, O, 1, 2, B	A, 3, 4, O, 1, 2, B
说明	以 B 为圆心 OB 为半径交圆于 1 点和 2 点，此时 1 点、2 点和 A 点将圆三等分	以 B 为圆心 OB 为半径交圆于 1 点和 2 点，以 A 为圆心 OA 为半径交圆于 3 点和 4 点，此时 1 点、2 点、3 点、4 点、A 点和 B 点将圆六等分

表 2-3 丁字尺与 30° 三角板画正六边形

图例	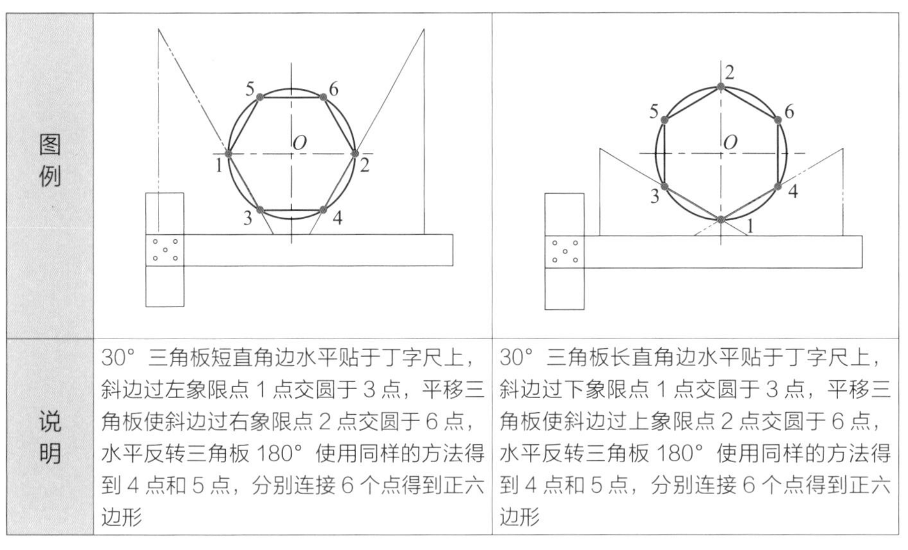	
说明	30° 三角板短直角边水平贴于丁字尺上，斜边过左象限点 1 点交圆于 3 点，平移三角板使斜边过右象限点 2 点交圆于 6 点，水平反转三角板 180° 使用同样的方法得到 4 点和 5 点，分别连接 6 个点得到正六边形	30° 三角板长直角边水平贴于丁字尺上，斜边过下象限点 1 点交圆于 3 点，平移三角板使斜边过上象限点 2 点交圆于 6 点，水平反转三角板 180° 使用同样的方法得到 4 点和 5 点，分别连接 6 个点得到正六边形

表 2-4 圆弧连接两已知直线

	圆弧连接钝角	圆弧连接锐角	圆弧连接直角
图例			
	R、O、R	R、O、R	A、O、1、B
说明	作两条已知直线相距为 R 的平行线，交点为 O，O 点即为圆弧连接的圆心		以 1 点为圆心 R 为半径作圆弧分别交两条直角边于 A 点和 B 点，分别以 A 点和 B 点为圆心 R 为半径画弧，交于点 O，O 点即为圆弧连接的圆心
图例	O、M、R、N	M、R、O、N	A、R、O、B
说明	以 O 点为圆心 R 为半径作圆弧连接两条直线，切点分别为 M、N		以 O 点为圆心 R 为半径作圆弧连接两条直线，切点分别为 A、B

三、圆弧连接

圆弧连接是指用已知半径的圆弧，光滑地连接直线或圆弧，即相切。这段弧称为连接弧，切点称为连接点。要保证圆弧的光滑连接，必须求出连接弧的圆心和连接点。圆弧连接的形式有：用圆弧连接两已知直线；用圆弧连接两已知圆弧；用圆弧连接已知直线和圆弧。

1. 圆弧连接两已知直线

用圆弧连接形成钝角两直线或形成锐角两直线或形成直角两直线，作图方法如表 2-4 所示。

2. 圆弧连接两已知圆弧

圆弧外连接两已知圆弧和圆弧内连接两已知圆弧，作图方法如表 2-5 所示。

表 2-5 圆弧连接两已知圆弧

<table>
<tr><td></td><td>外连接：用半径为 R 的圆弧与两圆相外切，光滑连接两个圆</td><td>内连接：用半径为 R 的圆弧与两圆相内切，光滑连接两个圆</td></tr>
<tr><td rowspan="2">图例</td><td>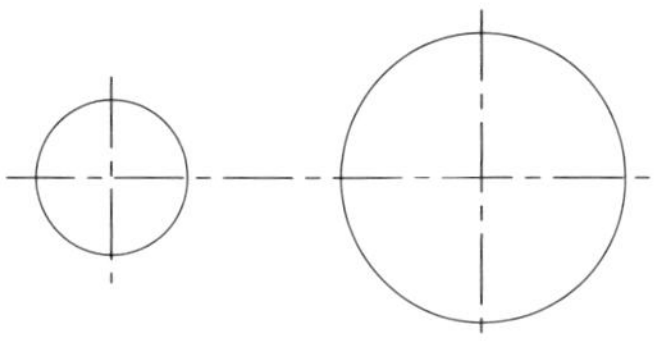</td><td>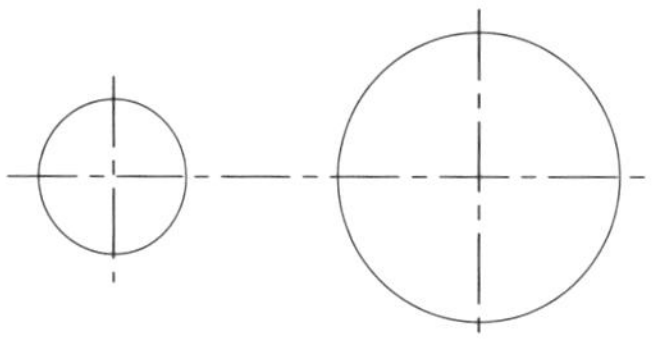</td></tr>
<tr><td>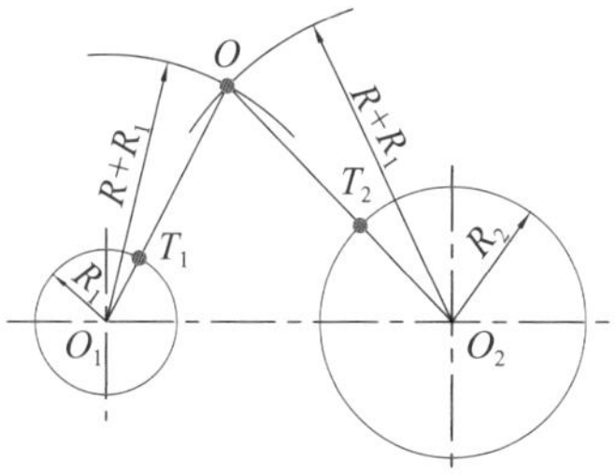
</td><td>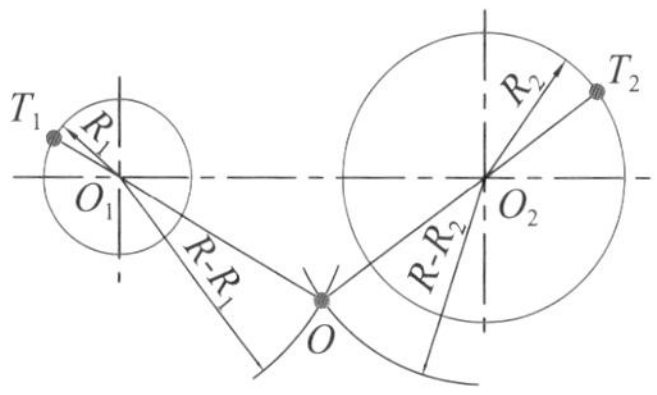
</td></tr>
<tr><td>说明</td><td>1. 分别以 O_1、O_2 为圆心 $R+R_1$、$R+R_2$ 为半径画弧，交得连接弧圆心 O；
2. 分别连 OO_1、OO_2，交得切点 T_1、T_2。</td><td>1. 分别以 O_1、O_2 为圆心，$R-R_1$、$R-R_2$ 为半径画弧，交得连接弧圆心 O；
2. 分别连 OO_1、OO_2 并延长交得切点 T_1、T_2。</td></tr>
<tr><td>图例</td><td>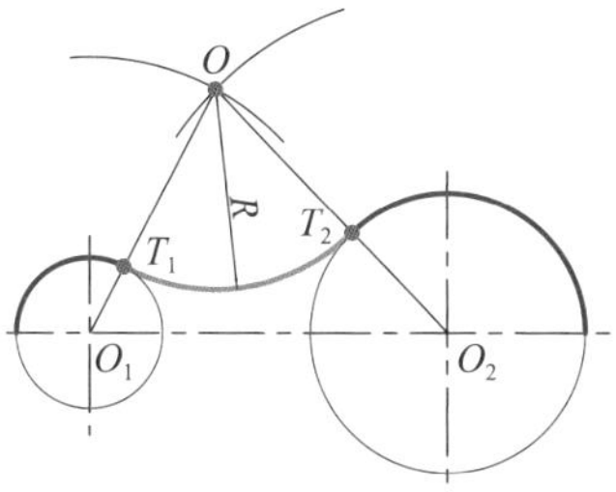
</td><td>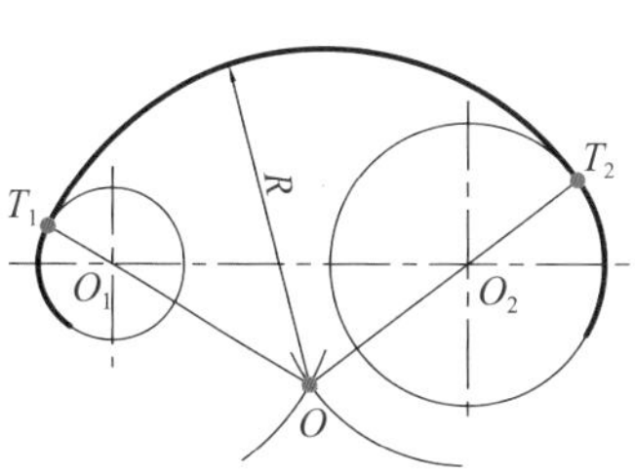
</td></tr>
<tr><td>说明</td><td>3. 以 O 为圆心，R 为半径画弧，即得所求。</td><td>3. 以 O 为圆心，R 为半径画弧，即得所求。</td></tr>
</table>

3. 圆弧连接直线和圆弧

用圆弧将已知直线和圆弧光滑连接起来，作图方法如表 2-6 所示。

表 2-6 圆弧连接直线和圆弧

	外连接：用半径为 R 的圆弧与已知直线和圆相外切	内连接：用半径为 R 的圆弧与已知直线和圆相内切
图例		
说明	1. 作直线的平行线距离为 R，以 O_1 为圆心 $R+R_1$ 为半径画弧与平行线交得连接弧圆心 O； 2. 过 O 作直线垂直线，垂足为切点 T_1，连接 OO_1 交圆于切点 T_2。	1. 作直线的平行线，距离为 R，以 O_1 为圆心，R_1-R 为半径画弧，与平行线交得连接弧圆心 O； 2. 过 O 作直线垂直线，垂足为切点 T_1，连接 OO_1 并延长交圆于切点 T_2。
图例		
说明	3. 以 O 为圆心，R 为半径画弧，即得所求。	3. 以 O 为圆心，R 为半径画弧，即得所求。

思考与练习

1. 试述常用绘图工具和仪器的使用方法。
2. 试述圆周三等分、六等分画法。
3. 说明正六边形的几种画法。
4. 圆弧连接的关键在于哪几点？
5. 圆弧连接有几种形式？
6. 扫码 2-1 绘制图形，注意圆弧连接。

码 2-1 思考与练习

CHAPTER 3

第三章

制图国家标准

相关知识点

1. 图纸幅面和标题栏
2. 线型
3. 字体与比例
4. 尺寸

能力目标

能根据《机械制图》与《技术制图》国家标准的基本规定绘制图形。

育人目标

1. 强调制图国家标准的严肃性和科学性，严格遵守各种标准规定，培养良好的职业道德素养，增强法律意识。

2. 为了使产品图样表达统一，清晰简明，便于识读，能满足设计和生产的要求，对图纸的幅面、线型应用、尺寸标注及字体等都做了统一的规定，这就是国家标准。

3. 产品制图是基于国家制图的规范来绘制的，本书所介绍的国家标准是源自最新的《机械制图》及《技术制图》国家标准，例如 GB/T 14689—2008《技术制图》中的图纸幅面和规格。

第一节 图纸幅面和标题栏

一、图纸幅面和格式

1. 图纸幅面

图纸的宽度（*B*）和长度（*L*）组成的图面称为图纸幅面,《机械制图》国家标准规定,图纸的基本幅面 A0~A4，如图 3-1 所示。

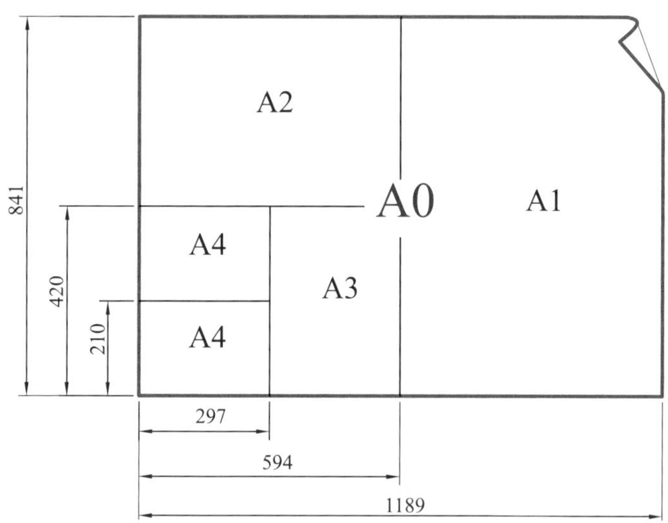

图 3-1 图纸幅面

2. 图框格式

在图纸上必须用粗实线画出图框，其格式分为留装订边和不留装订边两种，但同一产品的图框只能采用一种格式。

如图 3-2 所示，留装订边图纸，其图框线距幅面线边的距离尺寸 *a* 、*c* 按表 3-1 的规定选用。

如图 3-3 所示，不留装订边的图纸，图中尺寸 *e* 按表 3-1 的规定选用。

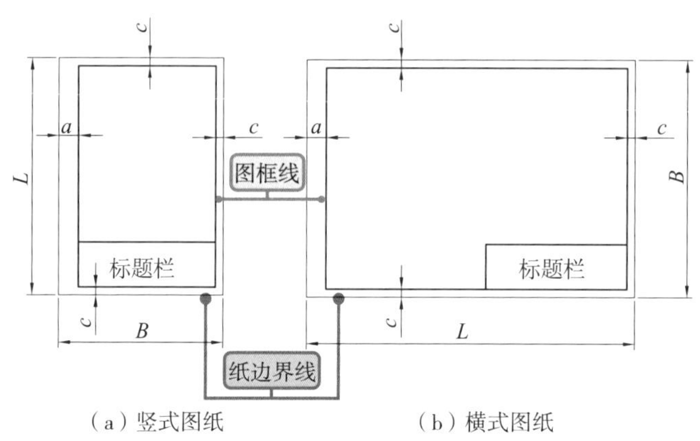

图 3-2 留装订边图框格式

二、标题栏

标题栏用来填写零部件名称、所用材料、图形比例、图号、单位名称及设计、审核、批准等有关人员的签字，还有投影符号，即可以用第三角投影绘制视图，投影识别符号如图 3-4 所示。

国标规定每张图纸上必须画出标题栏。标题栏画在图纸的右下角并靠于边框线，如图 3-2 所示。区域划分如图 3-5 所示。格式举例如图 3-6 所示。

标题栏与看图方向一致，即以标题栏中的文字方向为看图方向。

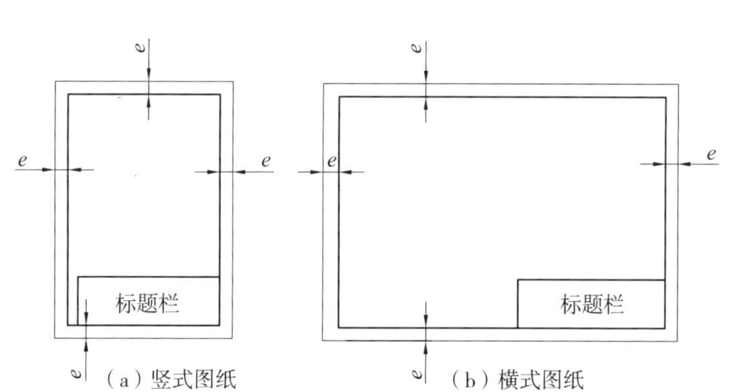

图 3-3 不留装订边图框格式

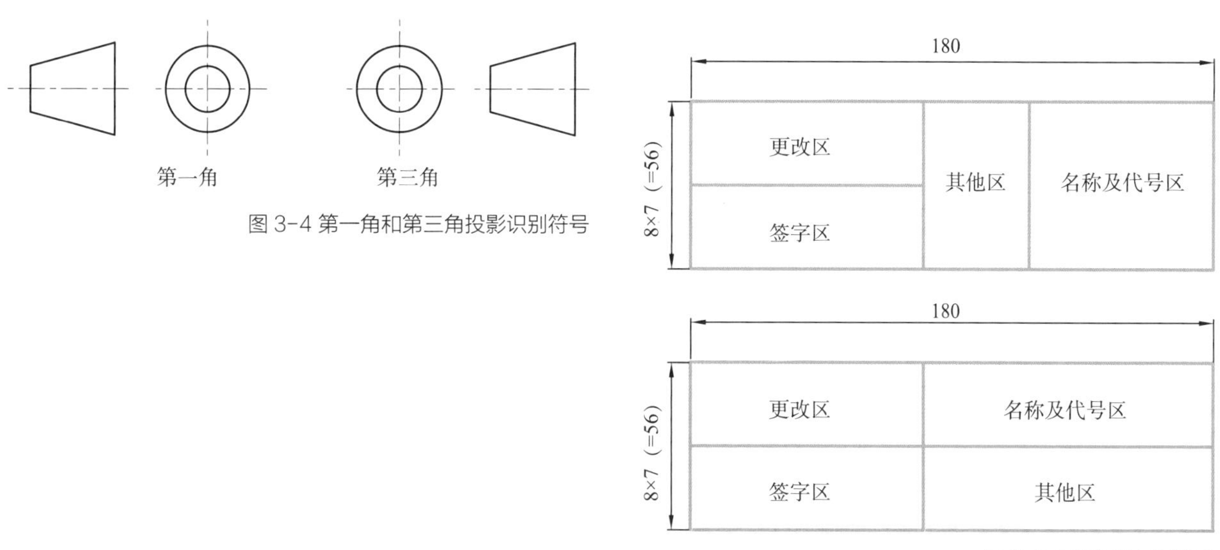

图 3-4 第一角和第三角投影识别符号

图 3-5 标题栏的区域划分

表 3-1 基本幅面及图框尺寸（单位：mm）

幅面代号	A0	A1	A2	A3	A4
$B \times L$	841×1189	594×841	420×594	297×420	210×297
a	25				
c	10			5	
e	20		10		

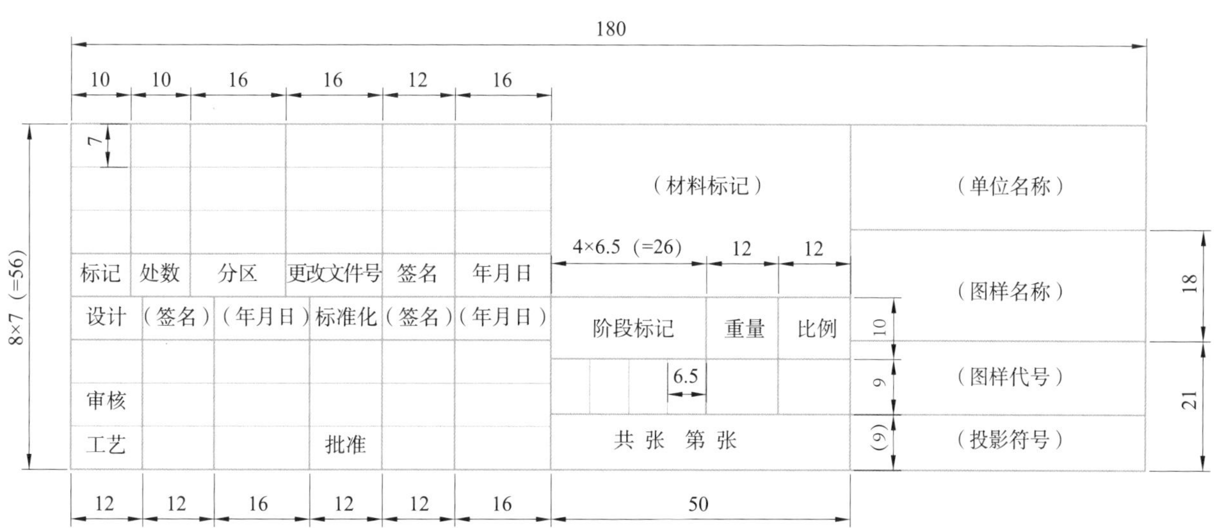

图 3-6 标题栏的格式

第二节 线型

一、线型及应用

产品图样中的图形是用不同粗细与各种型式的图线绘制而成的，不同的图线在图样中表示不同的含义。

在绘制产品图样时，各种图线的名称、型式、代号、宽度以及在图上的一般应用见表 3-2。各种图线在图形上的应用，如图 3-7 所示。

二、基本要求

技术图样中粗线和细线的宽度比为 2 ∶ 1。粗实线的宽度通常选用 0.5~2 mm。在同一图样中，同类图线的宽度应一致，如虚线、点画线、双点画线的线段长度和间隔应大致相同。

除非另有规定，两条平行线之间的最小间隙不得小于 0.7 mm。

细点画线和细双点画线的首末端一般应是长画而不是点，细点画线应超出图形轮廓 2~5 mm。当图形较小难以绘制细点画线时，可用细实线代替细点画线，如图 3-8 所示。

当不同图线互相重叠时，应按粗实线、细虚线、细点画线的先后顺序只画前面一种图线。手工绘图时，细点画线或细虚线与粗实线、细虚线、细点画线相交时，一般应与线段相交，不留空隙；当细虚线是粗实线的延长线时，粗实线与细虚线的分界处应留出空隙，如图 3-8 所示。

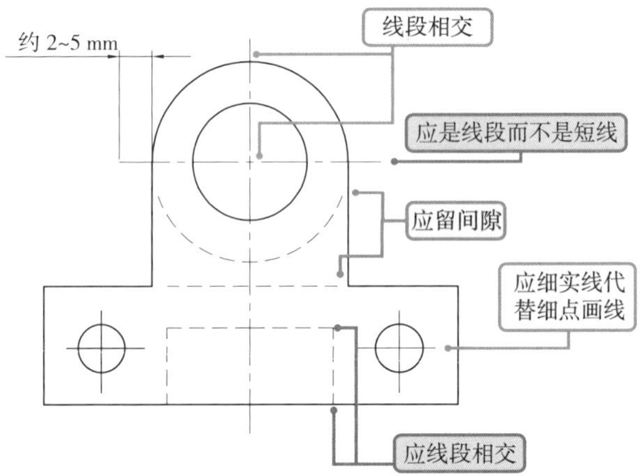

图 3-8 细点画线或细虚线与其他图线的关系

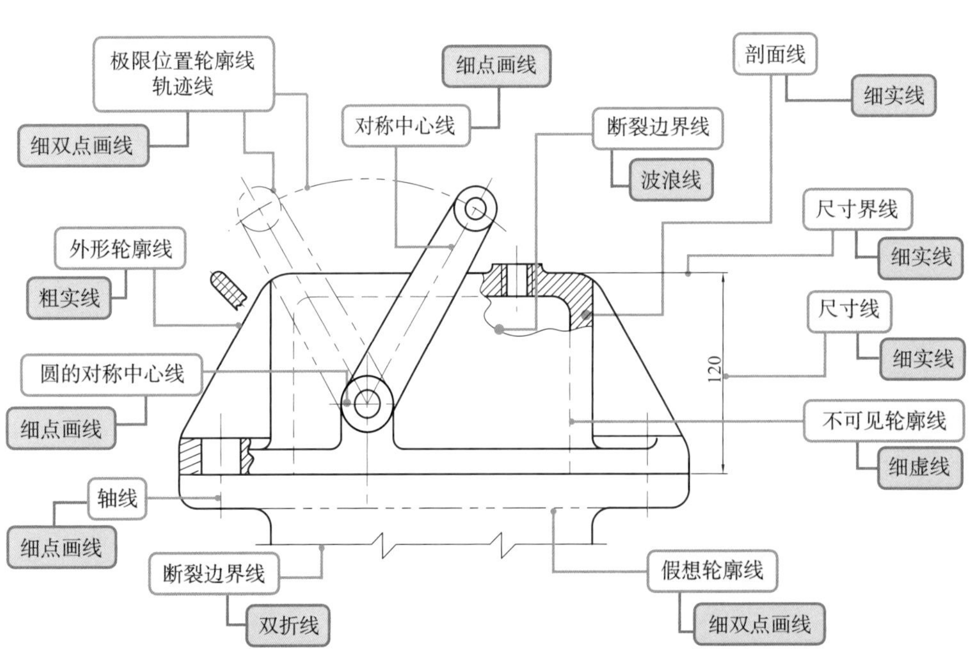

图 3-7 图线在图形上的应用

表 3-2 图线的名称、型式、代号、宽度以及应用

序号	名称	线型	线宽	一般应用
1	粗实线		*d*（优先用 0.5mm 和 0.7mm）	可见轮廓线；相贯线；剖切符号用线
2	细实线		*d*/2	过渡线；尺寸线；尺寸界线；短中心线；剖面线
3	细虚线		*d*/2	不可见轮廓线
4	粗虚线		*d*	允许表面处理的表示线
5	细点画线		*d*/2	轴线；对称中心线；孔系分布的中心线
6	粗点画线		*d*	限定范围表示线
7	细双点画线		*d*/2	相邻辅助零件的轮廓线；可动零件的极限位置的轮廓线；轨迹线；中断线
8	波浪线		*d*/2	断裂处分界线；视图与剖视图的分界线
9	双折线		*d*/2	断裂处分界线；视图与剖视图的分界线

第三节 字体与比例

一、字体

国家标准对图样中的汉字、拉丁字母、希腊字母、阿拉伯数字、罗马数字的形式做了规定。图样上所注写的汉字、数字、字母必须做到：字体工整、笔划清楚、间隔均匀、排列整齐。这样要求的目的是使图样清晰，文字准确，便于识读和交流，给生产和科研带来方便。

字体的字号系列为：20、14、10、7、5、3.5、2.5、1.8。字体的号数即字体高度，如 10 号字，它的字高为 10mm；如需要书写更大的字，其字体高度应按$\sqrt{2}$的比率递增，图样中字体可分为汉字、字母和数字。

1. 汉字

汉字应写成长仿宋体，并应采用国家正式公布的简化字。汉字的高度 *h* 应不小于 3.5mm，书写长仿宋体的要点为：横平竖直、注意起落、结构匀称、填满方格。长仿宋体示例如图 3-9 所示。

2. 字母及数字

字母和数字分为直体和斜体。一般采用斜体字，斜体字字头向右倾斜，与水平线呈 75° 角，直体、斜体字母及数字示例，如图 3-10 所示。

10号字

字体工整笔画清楚间隔均匀

7号字

横平竖直注意起落结构匀称填满方格

5号字

技术制图机械电子汽车航空船舶土木建筑矿山服装

3.5号字

螺纹齿轮端子接线飞行指导驾驶施工通风化纤泵阀

图 3-9 长仿宋字体

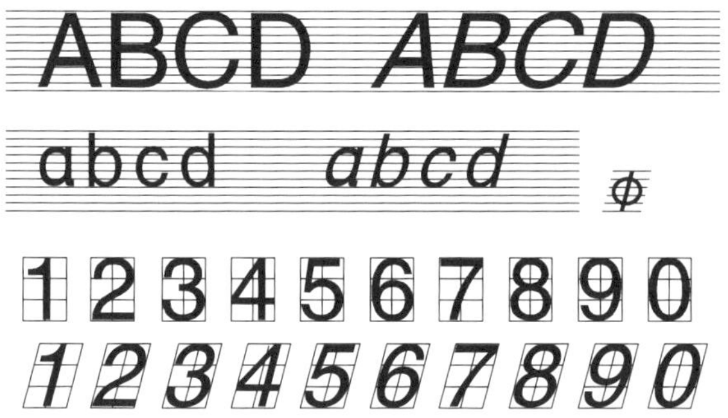

ABCD *ABCD*

abcd *abcd* Φ

1 2 3 4 5 6 7 8 9 0

1 2 3 4 5 6 7 8 9 0

图 3-10 直体、斜体字母及数字

二、比例

比例是图形与其实物相应要素的线性尺寸之比。比值为 1 的比例称为原值比例，即 1 ：1；比值大于 1 的比例称为放大比例，如 2 ：1 等；比值小于 1 的比例称为缩小比例，如 1 ：2 等。

为了在图样上直接获得实际机件大小的真实尺寸，应尽量采用 1 ：1 的比例绘图。如不宜采用 1 ：1 的比例时，可选择表 3-3 中所规定的放大或缩小的比例，必要时也可选择表 3-4 中的比例，但标注尺寸一定要注写实际尺寸。

第四节 尺寸

图形只能表达机件的结构形状，其真实大小由尺寸确定。一张完整的图样，其尺寸注写应做到正确、完整、清晰、合理。本节介绍国家标准有关注写尺寸的一些规定，尺寸注写的其他要求将在后续章节中结合实例进行介绍。

一、尺寸的基本规定

机件真实大小应以图样上所注的尺寸数值为准，与绘图的比例及绘图的准确度无关。

图样中的尺寸一般以毫米（mm）为单位。当以毫米为单位时，不需标注单位的符号（或名称）。如采用其他单位时，则必须注明相应单位的符号（或名称）。

图样中标注的尺寸应为该图样所示机件的最后完工尺寸，否则应另加说明。

机件的每一尺寸，一般只标注一次，并应标注在反映该结构最清晰的图形上。

表 3-3 规定的系列中选取适当的比例

种类	比例		
原值比例	1 ：1		
放大比例	5 ：1 （5×10^n）：1	2 ：1 （2×10^n）：1	 （1×10^n）：1
缩小比例	1 ：2 1 ：（2×10^n）	1 ：5 1 ：（5×10^n）	 1 ：（1×10^n）

注：*n* 为正整数

表 3-4 必要时，也允许选取的比例

种类	比例				
放大比例	4 ：1 （4×10^n）：1	2.5 ：1 （2.5×10^n）：1			
缩小比例	1 ：1.5 1 ：（1.5×10^n）	1 ：2.5 1 ：（2.5×10^n）	1 ：3 1 ：（3×10^n）	1 ：4 1 ：（4×10^n）	1 ：6 1 ：（6×10^n）

注：*n* 为正整数

二、尺寸组成

尺寸组成包括尺寸界线、尺寸线和尺寸数字，如图 3-11 所示。

1. 尺寸界线

尺寸界线用细实线绘制，应由图形的轮廓线、轴线或对称中心线引出，也可以用轮廓线、轴线或对称中心线做尺寸界线。在光滑过渡处标注尺寸时，必须用细实线将轮廓线延长，并从它们的交点引出尺寸界线，如图 3-12 所示。

2. 尺寸线

尺寸线用细实线绘制，尺寸线不能用其他图线代替，一般也不得与其他图线重合或画在其延长线上。在标注线性尺寸时，尺寸线必须与所注的线段平行。尺寸线的终端有下列两种形式：

（1）箭头：箭头的形式，如图 3-13（a）所示，其中 d 为粗实线的宽度，它适用于各种类型的图样。

（2）斜线：斜线终端用细实线绘制，其方向和画法，如图 3-13（b）所示，h 为字体高度。当采用该终端形式时，尺寸线与尺寸界线必须相互垂直。在同一张图样中只能采用一种尺寸线终端形式。

当图纸上的尺寸线采用箭头形式时，在空间不够的情况下，允许用圆点或斜线代替箭头，如图 3-13（c）所示。

3. 尺寸数字

线性尺寸数字一般注在尺寸线的上方如图 3-14（a）所示，或是中断处如图 3-14（b）所示，同一张图样上尽可能采用一种数字注写方法。尺寸数字不可与任何图线重合，当不可避免时，必须断开图线。

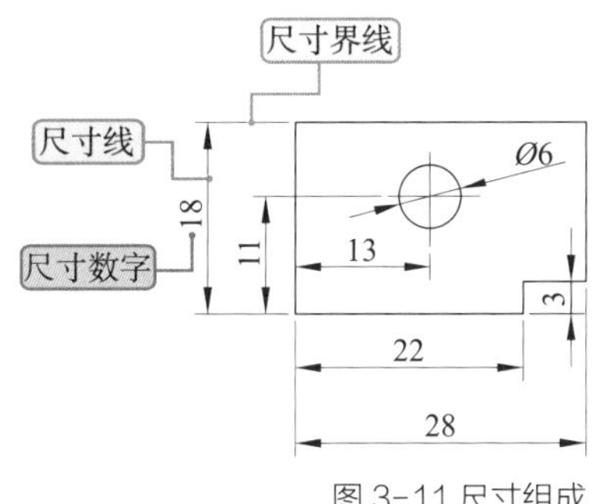

图 3-11 尺寸组成

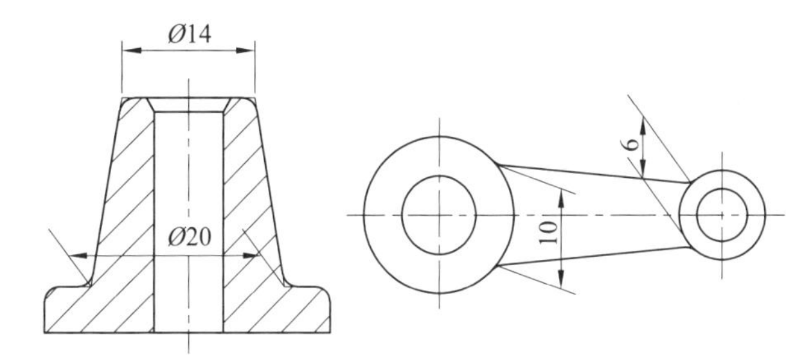

图 3-12 光滑过渡处的尺寸界线

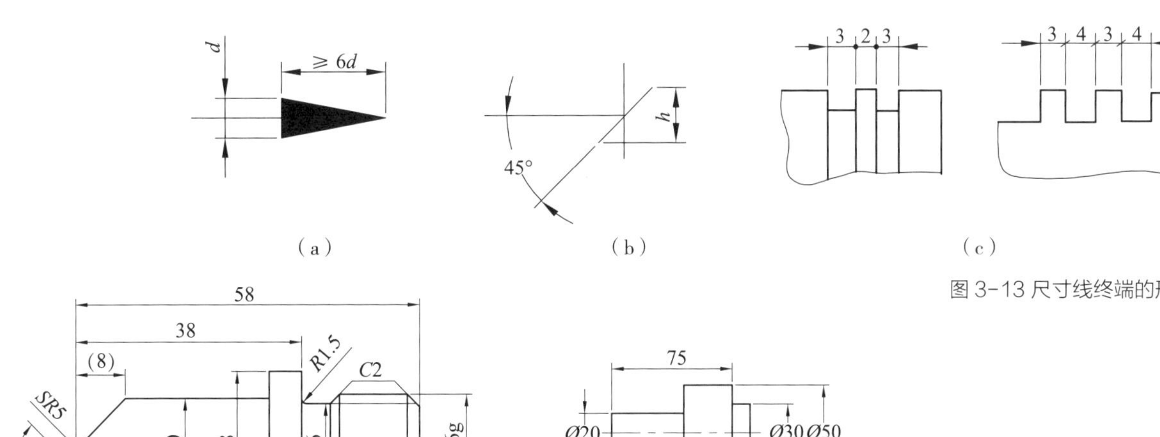

图 3-13 尺寸线终端的形式

图 3-14 尺寸数字注写方法

三、常用的尺寸注法（表 3-5）

表 3-5 常用尺寸注法

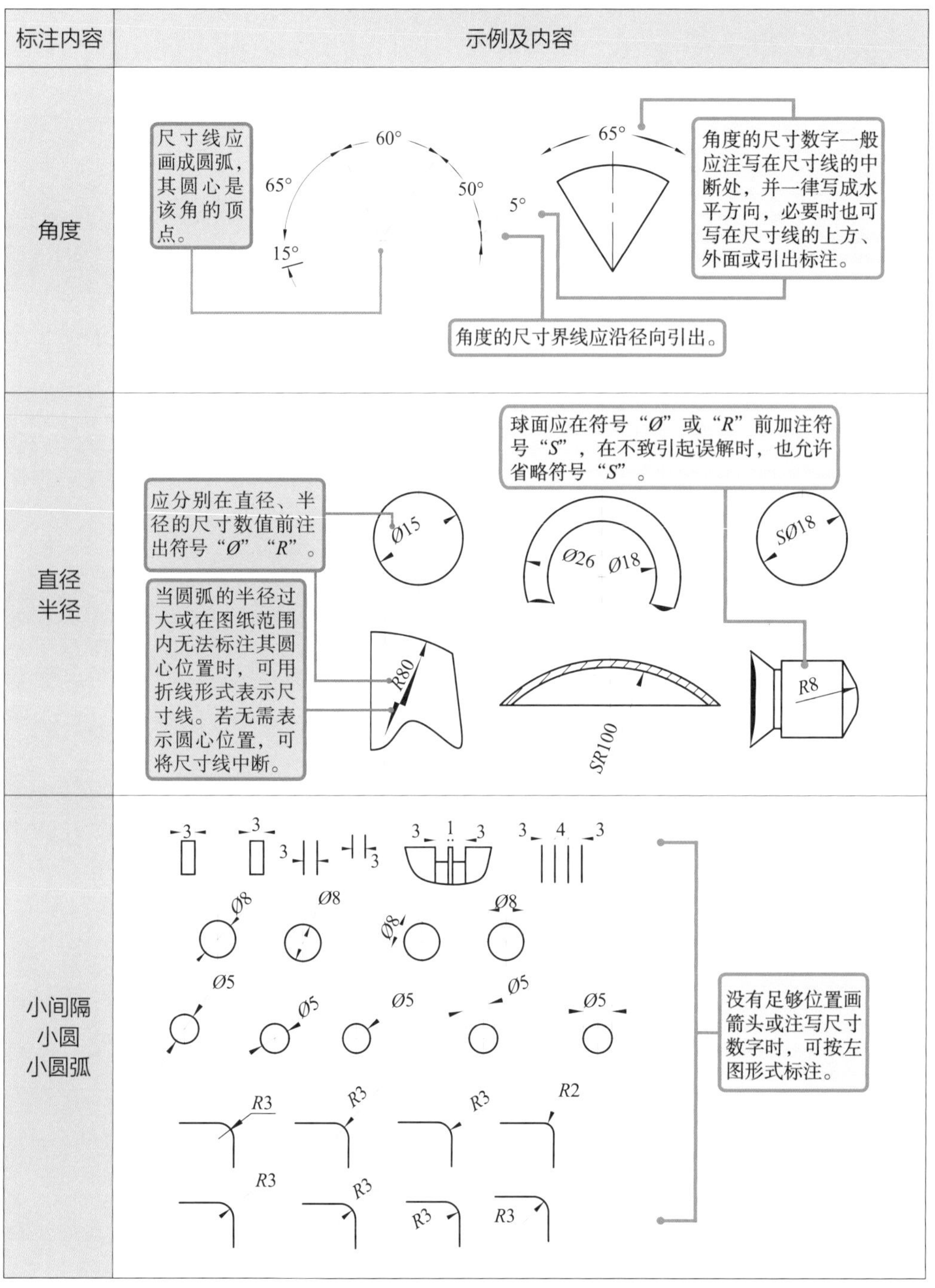

标注内容	示例及内容
角度	尺寸线应画成圆弧，其圆心是该角的顶点。 角度的尺寸数字一般应注写在尺寸线的中断处，并一律写成水平方向，必要时也可写在尺寸线的上方、外面或引出标注。 角度的尺寸界线应沿径向引出。
直径 半径	应分别在直径、半径的尺寸数值前注出符号“Ø”“R”。 球面应在符号“Ø”或“R”前加注符号“S”，在不致引起误解时，也允许省略符号“S”。 当圆弧的半径过大或在图纸范围内无法标注其圆心位置时，可用折线形式表示尺寸线。若无需表示圆心位置，可将尺寸线中断。
小间隔 小圆 小圆弧	没有足够位置画箭头或注写尺寸数字时，可按左图形式标注。

续表

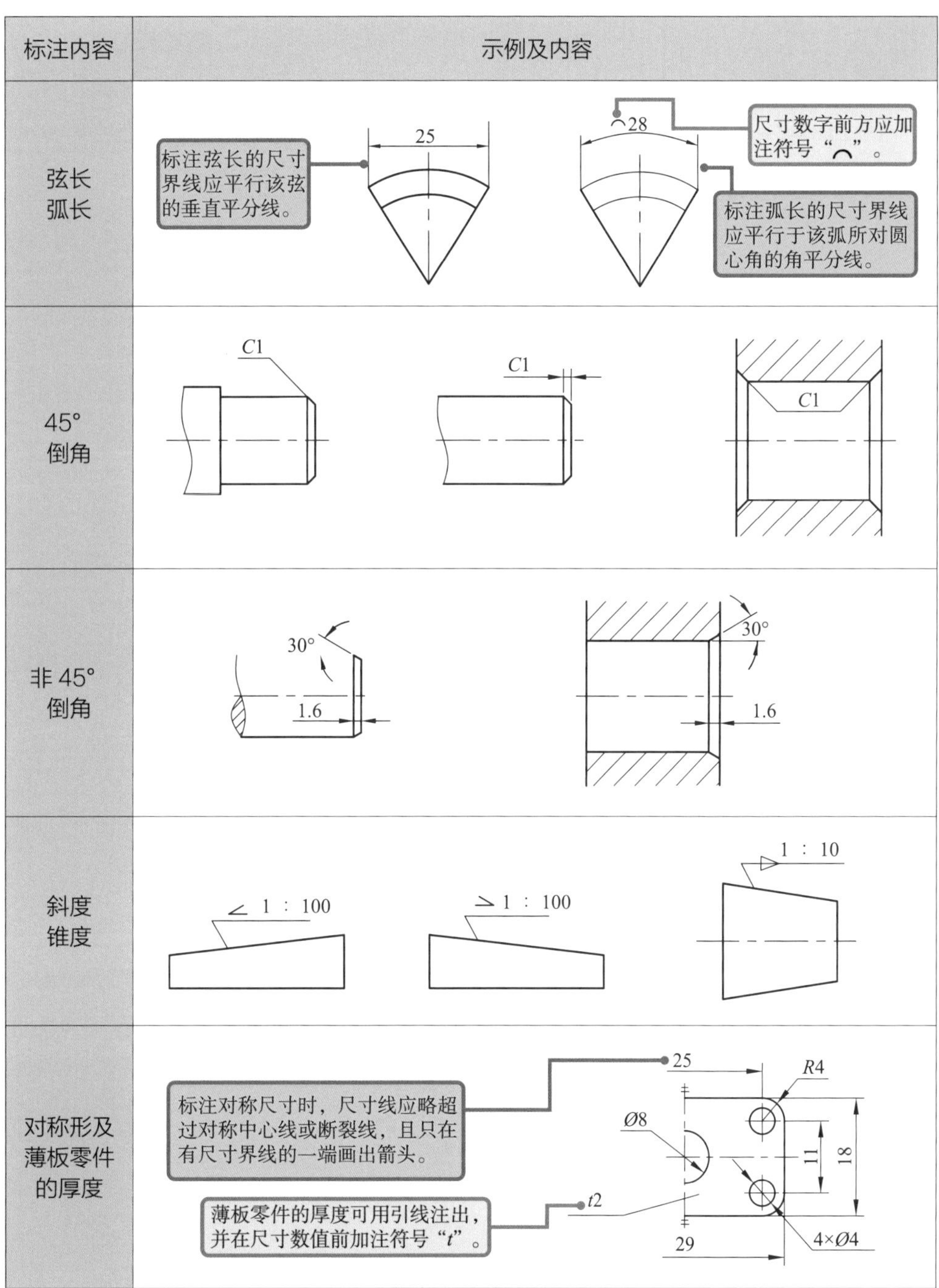

标注内容	示例及内容
弦长 弧长	标注弦长的尺寸界线应平行该弦的垂直平分线。 25 ⌒28 尺寸数字前方应加注符号“⌒”。 标注弧长的尺寸界线应平行于该弧所对圆心角的角平分线。
45° 倒角	C1 C1 C1
非45° 倒角	30° 1.6 30° 1.6
斜度 锥度	1 : 100 1 : 100 1 : 10
对称形及 薄板零件 的厚度	标注对称尺寸时，尺寸线应略超过对称中心线或断裂线，且只在有尺寸界线的一端画出箭头。 薄板零件的厚度可用引线注出，并在尺寸数值前加注符号“*t*”。 25 *R*4 Ø8 11 18 *t*2 29 4×Ø4

续表

标注内容	示例及内容
线性尺寸的数字方向	尺寸数字应按图所示方向注写，并尽可能避免在图示30°范围内标注尺寸。 当无法避免时可按如图的形式标注。
光滑过渡处	在光滑过渡处，必须用细实线将轮廓线延长，并从它们的交点引出尺寸界线。 尺寸界线和尺寸线必要时允许倾斜。
正方形结构	剖面为正方形时，可在边长尺寸数字前加注符号“□”，或用 14×14 代替“□ 14”。图中相交的两细实线是平面符号。
均布的孔	均匀分布的孔，可按下图所示标注。当孔的定位和分布情况在图中明确时，允许省略其定位尺寸和 EQS（均布）。 图中 8×Ø5，Ø5 表示孔的直径，8 为孔的个数。

思考与练习

1.A4、A3、A2 的图纸幅面尺寸分别是多少?

2. 图框格式分为几类，分别是什么?

3. 举例说明在绘制图形时，常用的线型有哪几种，分别适用于什么场合。

4. 图样的比例有哪三种举例说明。

5. 图样尺寸由哪几部分组成?

6. 根据国家标准绘制图形（码 3-1）。

码 3-1 思考与练习

CHAPTER 4

第四章

投影法绘制几何体

相关知识点

1. 投影法概述
2. 点、线、面的投影
3. 基本体的投影

能力目标

1. 掌握三视图的形成及投影关系，具备绘制几何体三视图的能力；

2. 掌握点、线、面的投影作图，直线与直线、直线与平面空间位置关系；

3. 掌握平面立体、曲面立体的三视图绘制方法，能遵照投影知识绘制基本体表面上点、线的投影。

育人目标

1. 将第一角画法融入国家制度，以凸显我国制度的优越性，培养学生的国家情怀；

2. 培养学生认真负责、踏实敬业的工作态度和严谨细致的工作作风以及团队合作意识和助人为乐的精神；

3. 具有从不同角度、不同方向观察事物本质的思想与方法。

第一节 投影法概述

一、投影法的概念及分类

1. 投影法的概念

光源 S 称为投射中心，光线称为投射线，投射线通过物体，向选定的投影面 P 投射，并在该面上得到图形的方法称为投影法。

2. 投影法的分类

投影法分为中心投影法和平行投影法两大类。（图 4-1）

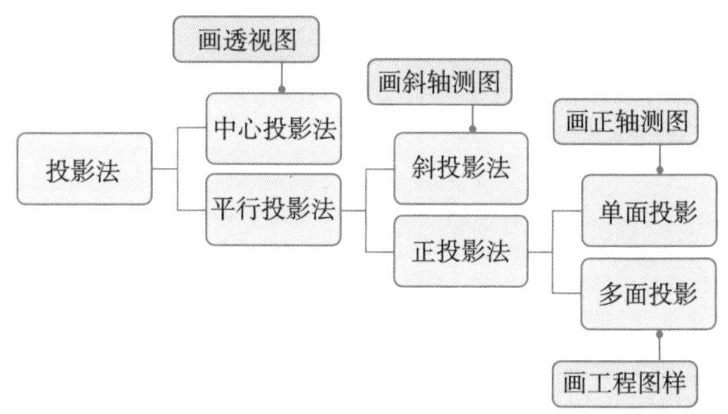

图 4-1 投影法的分类

（1）中心投影法。

由投射中心发出的投射线，通过投射体，向投影面投影，在投影面上得到投影的方法称为中心投影法，如图 4-2 所示。中心投影法一般用来绘制产品透视图，图 4-3 就是采用中心投影法绘制的。

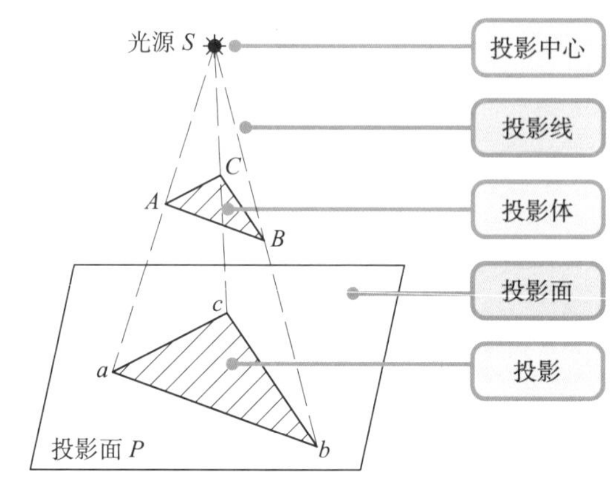

图 4-2 中心投影法

中心投影法的优点是直观性比较强，但作图比较复杂，而且透视图不能反映图形的实形，所以度量性比较差。

（2）平行投影法。

相互平行的投射线通过投影体，向投影面投影，这种方法称为平行投影法。平行投影法分为斜投影法和正投影法。

A. 斜投影法。

投射线相互平行且倾斜于投影面的平行投影法称为斜投影法，如图 4-4 所示。斜投影法主要用来绘制斜轴测图，如图 4-5 所示。

B. 正投影法。

投射线相互平行且垂直于投影面的平行投影法称为正投影法，如图 4-6 所示。用正投影法绘制出的物体图形称为视图。正投影法分为单面投影和多面投影。

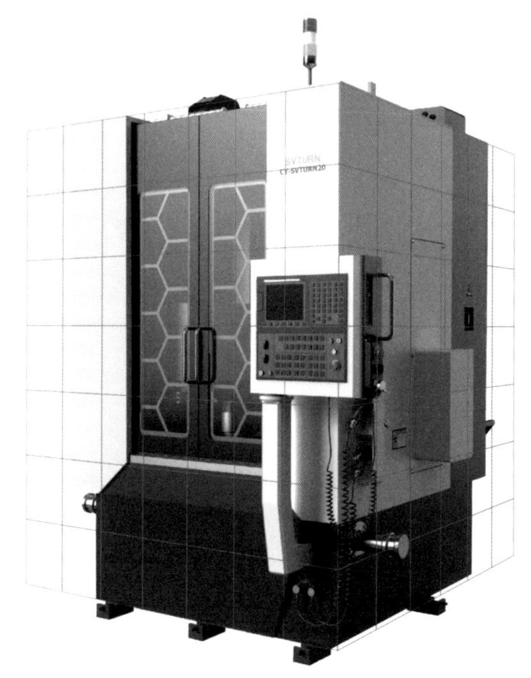
图 4-3 产品透视图

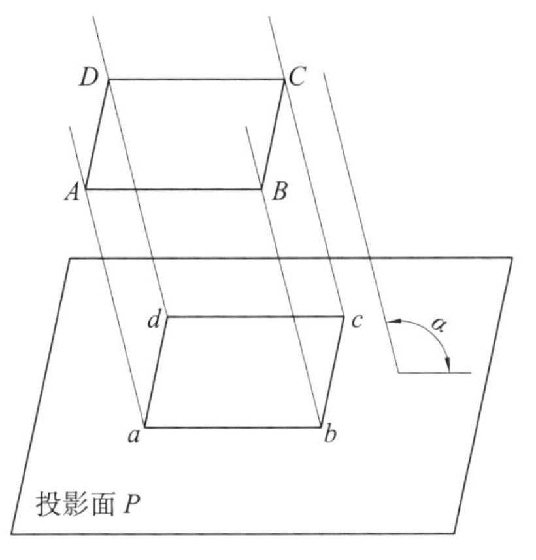

图 4-4 斜投影法

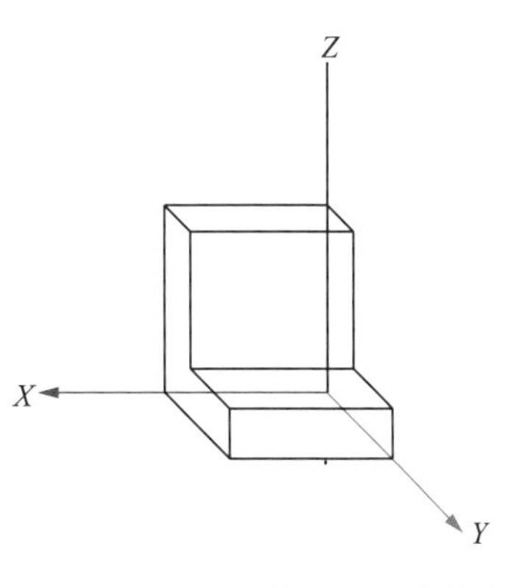

图 4-5 斜轴测图

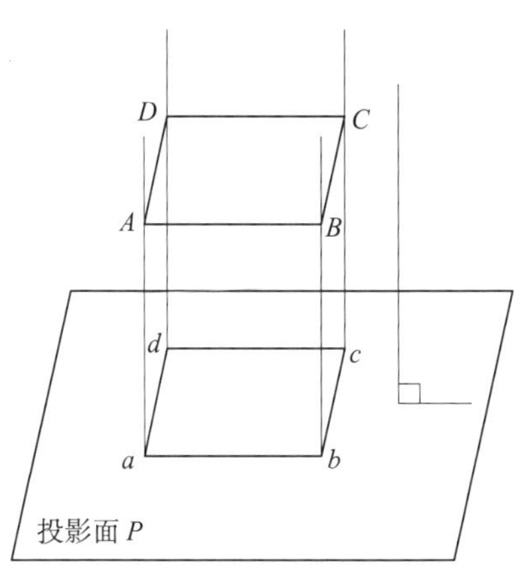

图 4-6 正投影法

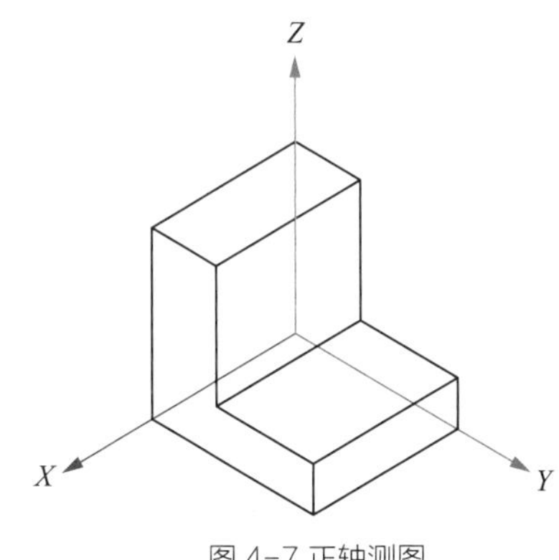

图 4-7 正轴测图

a. 单面投影。

用正投影法向单一投影面投影得到的投影为单面投影。单面投影主要用于绘制标高图和正轴测图，如图 4-7 所示，其优点是图形直观性比较好，但作图比较烦琐，而且度量性比较差。

b. 多面投影。

用正投影法向相互垂直的两个或多个投影面投影得到的投影为多面投影。主要用于绘制工程图，其缺点是图形直观性比较差，但能反映物体的实际形状和大小，度量性好，且作图简便，因此被广泛使用，如图 4-8 所示。

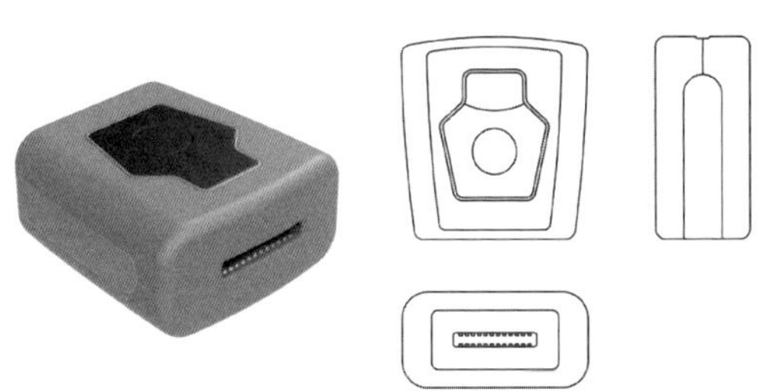
图 4-8 产品正投影图

二、三视图的形成及对应关系

1. 三面投影体系的建立及三视图的形成

（1）三面投影体系的建立。

三面投影体系是由三个互相垂直的投影面构成的，这三个相互垂直的投影面将空间分为 8 个分角，如图 4-9 所示。我国的投影体制优先采用第一角画法，该画法规定，各平面及各轴名称如图 4-10 所示：正立投影面简称正面，用 *V* 表示；水平投影面简称水平面，用 *H* 表示；侧立投影面简称侧面，用 *W* 表示。

互相垂直的投影面之间的交线称为投影轴，即 *OX* 轴、*OY* 轴、*OZ* 轴。*V* 面与 *H* 面的交线为 *OX* 轴——代表长度方向；*W* 面和 *H* 面的交线为 *OY* 轴——代表宽度方向；*V* 面和 *W* 面的交线为 *OZ* 轴——代表高度方向，如图 4-11 所示。三根投影轴相互垂直，交点 *O* 为投影原点。

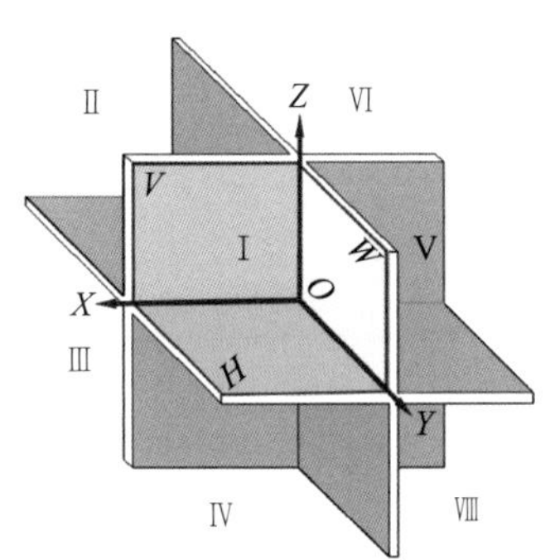

图 4-9 三面投影体系

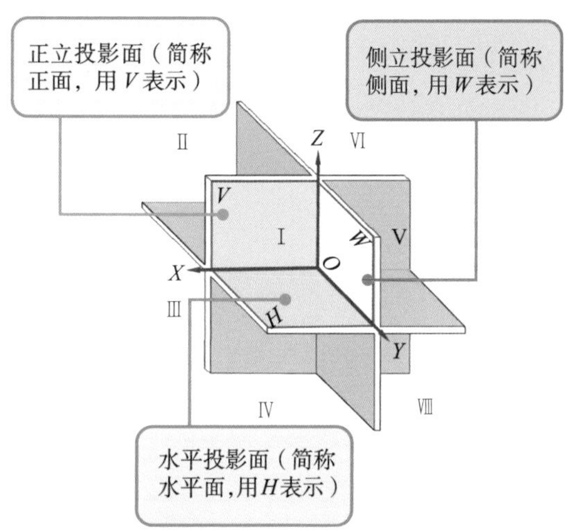

图 4-10 第一角画法

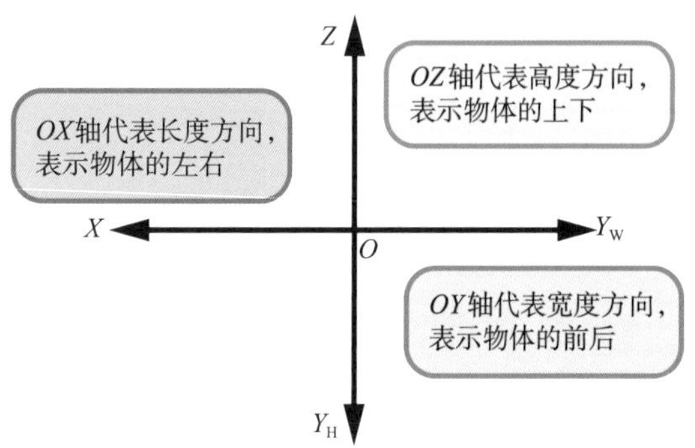

图 4-11 坐标轴与方位关系

（2）投影面的展开及三视图的形成。

第一角画法中的三个投影面为空间状态，为了便于观察，将空间的三个投影面展开在一个平面上，其规定如下：V 面不动，H 面绕 OX 轴向下旋转 90°，W 面绕 OZ 轴向右旋转 90°，使 H 面和 W 面都与 V 面处于同一平面上。随着 H 面和 V 面的展开，OY 轴被一分为二，其中随着 H 面向下转 90° 的 Y 轴用 Y_H 表示，随着 W 面向右旋转 90° 的 Y 轴用 Y_W 表示，如图 4-12（a）所示 。

物体应将多数表面平行或垂直于投影面放置，用正投影法分别向 V、H、W 面进行投影，投影过程中不能移动或改变物体位置，这样就得到正面投影、水平投影和侧面投影，即物体的三视图，如图 4-12（b）所示。主视图——由前向后投射，在 V 面得到的投影；俯视图——由上向下投射，在 H 面得到的投影；左视图——由左向右投射，在 W 面得到的投影。

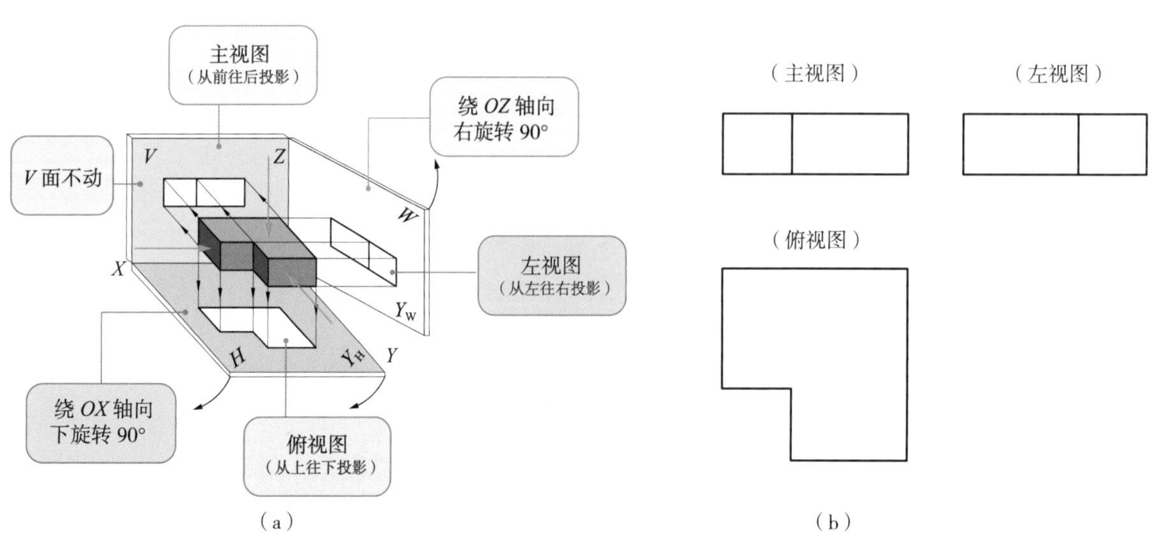

图 4-12 投影面的展开及形成

2. 三视图的对应关系

（1）位置关系——两对正（图 4-13）。

俯视图在主视图的正下方，左视图在主视图的正右方。

（2）尺寸关系——三相等（图 4-13）。

主视图和俯视图中相应投影的长度相等，即“长对正”；

主视图和左视图中相应投影的高度相等，即“高平齐”；

俯视图和左视图中相应投影的宽度相等，即“宽相等”。

（3）方位关系——四方位（图 4-14）。

主视图——反映物体的左、右、上、下；

俯视图——反映物体的左、右、前、后；

左视图——反映物体的前、后、上、下。

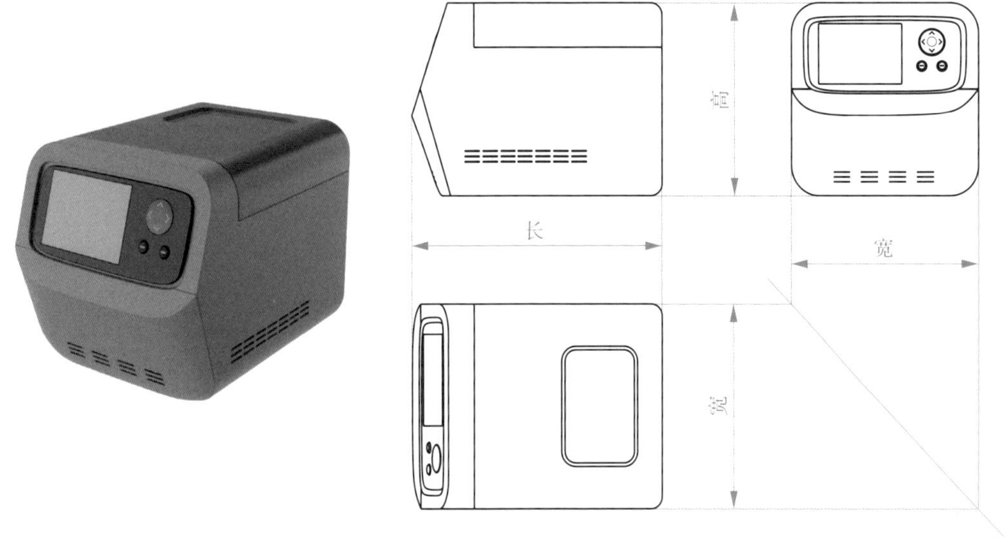

图 4-13 三等关系

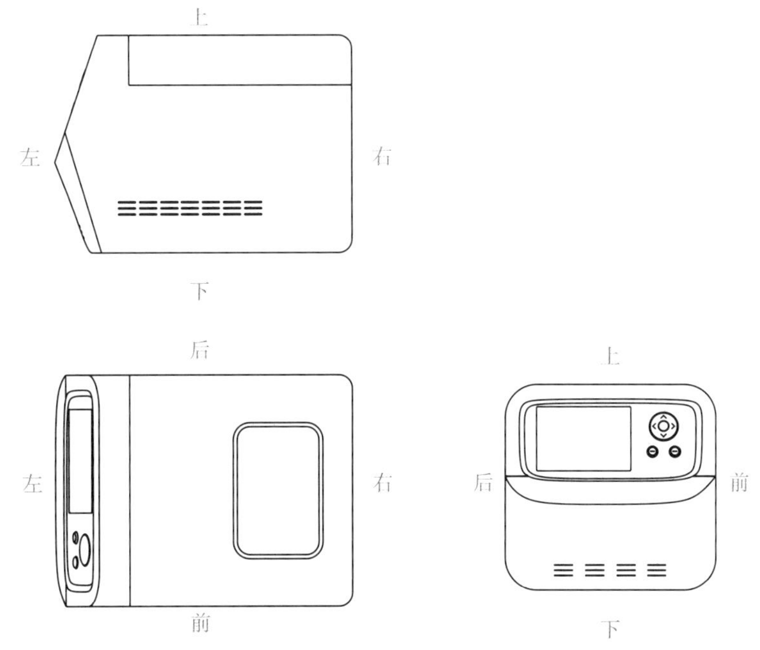

图 4-14 三视图的方位关系

第二节 点、线、面的投影

产品都是由点、线、面等几何元素构成的，也就是说点、线、面等几何元素的投影规律和特征是产品三视图的基础，这一节我们主要介绍这些基本几何元素的三面投影。

一、点的投影

1. 点的三面投影规律及其标记

（1）点的三面投影。

第一分角的空间点 A，分别向三个投影面作垂线，交得三个垂足即：a、a'、a''，便是 A 点在 H 、V 及 W 面上的投影，如图 4-15 所示。

展开投影面，去掉投影面的边框线，便得到空间点 A 的三面投影，如图 4-16 所示。

（2）点的三面投影的标记。

空间点用大写字母 A 、B 、C 等标记；

H 面上的投影用同名小写字母 a 、b 、c 等标记；

V 面上的投影用同名小写字母加一撇 a'、b'、c' 等标记；

W 面上的投影用同名小写字母加二撇 b'' 、c'' 等标记。

（3）点的三面投影规律。

点的三面投影规律和三视图的三等关系是一致的，如图 4-16 所示。

点的主视图投影和俯视图投影连线垂直于 OX 轴，即 $a'a \perp OX$；

点的主视图投影和左视图投影连线垂直于 OZ 轴，即 $a'a'' \perp OZ$；

点的俯视图投影和左视图投影宽相等，即 $aa_x = a''a_z$。

$aa_x = a''a_z$ 除了用量取的方法外，还可以用作辅助线的方法求得。如图 4-17 所示，（a）是作 45° 线的方法，（b）是以 O 为圆心 aa_x 为半径作弧的方法。其中作 45° 线的方法最为常用。

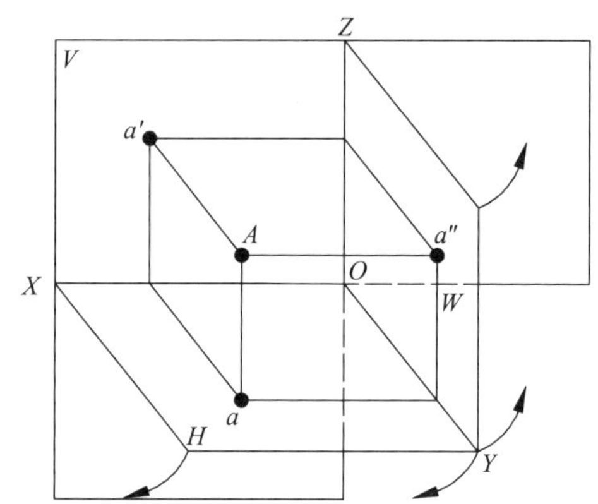

图 4-15 点的三面投影体系

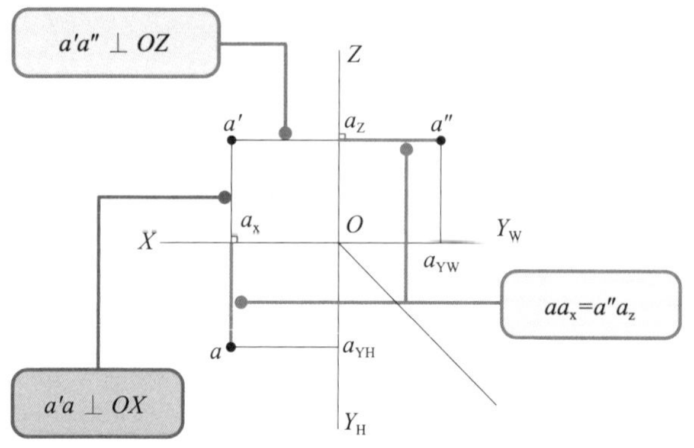

图 4-16 点的三面投影

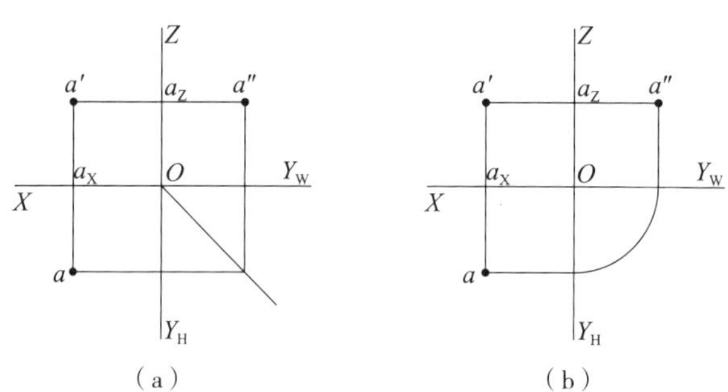

图 4-17 作辅助线的方法

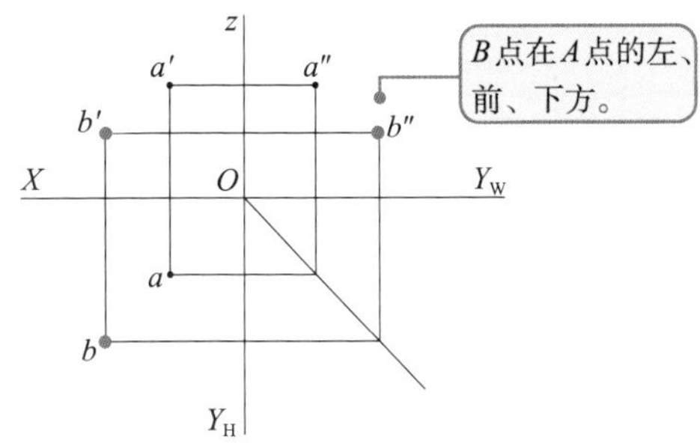

图 4-18 两点的相对位置

2. 两点的相对位置

两点的相对位置是指以两点中的一点为基准，另一点相对该点的左右、前后和上下的位置。

左右用 X 坐标表示，即 X 坐标值大在左；

前后用 Y 坐标表示，即 Y 坐标值大在前；

上下用 Z 坐标表示，即 Z 坐标值大在上。

如图 4-18 所示，B 点的 X 值和 Y 值均大于 A，而 Z 值小于 A 点，因此点 B 点在 A 点的左、前、下方。

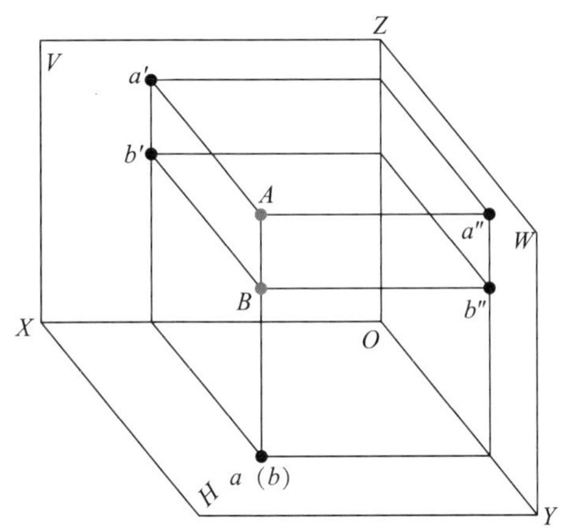

图 4-19 重影点

如图 4-19 所示，点 A 和点 B 的 X、Y 坐标相等，Z 坐标不等，点 A、B 在 H 面上的投影重合，这样的两个点称为该投影面的重影点。

（1）两点重影的条件

两对相等的坐标，一对不等的坐标。

（2）重影点可见性的判别

重影点需要判断其可见性，将不可见点的投影用括号括起来，以示区别。

可见性判别：根据一对不等的坐标值判断，坐标值大者为可见，如图 4-20 所示，A 点和 B 点的 X、Y 值相等 Z 值不等，且 A 点 Z 值比 B 点 Z 值大，所以 A 点在水平面投影 a 可见，B 点在水平面投影 b 不可见，用括号括起来。

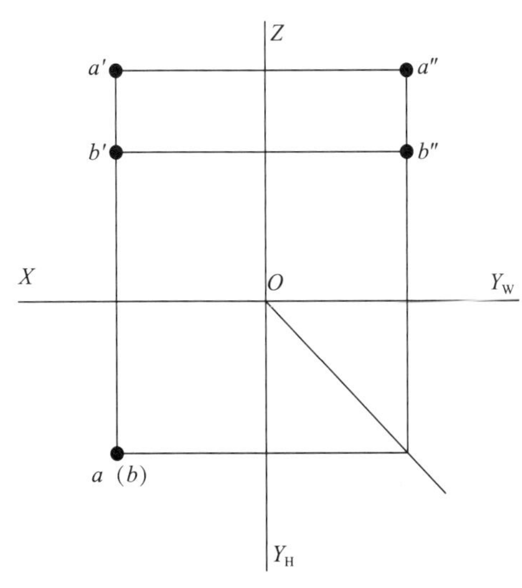

图 4-20 可见性的判别

二、直线的投影

1. 各种位置直线投影特性

根据投影原理可知，直线的投影一般仍是直线。

两点确定一条直线，如分别求出这两点的三面投影，再将其同面投影用直线连接起来,即可获得该直线的三面投影。

根据直线与投影面的位置关系，可将其分为投影面平行直线、投影面垂直直线和一般位置直线。前两种为特殊位置直线，如图 4-21 所示。

（1）投影面平行直线。

平行于某一投影面，与其他两投影面均倾斜的直线，为投影面平行直线。此类直线有如表 4-1 所示三种类型：水平线——平行于 H 面，倾斜于 V 面及 W 面；正平线——平行于 V 面，倾斜于 H 面及 W 面；侧平线——平行于 W 面，倾斜于 V 面及 H 面。

投影面平行直线的投影特性为：在所平行的投影面的投影反映实长；其他两个投影面的投影分别平行于相应的投影轴。

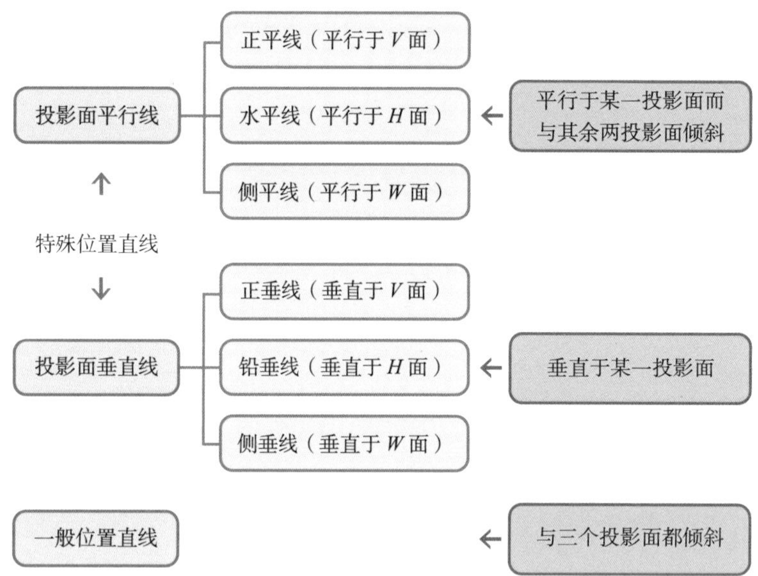

图 4-21 直线与投影面的位置关系

表 4-1 投影面平行直线

名称	水平线	正平线	侧平线
立体图			
投影图			
投影特征	1. $a'b'//OX$ 2. $a''b''//OY_W$ 3. $ab=AB$	1. $cd//OX$ 2. $c''d''//OZ$ 3. $c'd'=CD$	1. $e'f'//OZ$ 2. $ef//OY_H$ 3. $e''f''=EF$

（2）投影面垂直直线。

垂直于某一投影面的直线，为投影面垂直直线。此类直线有如表 4-2 所示三种类型：铅垂线——垂直于 H 面；正垂线——垂直于 V 面；侧垂线——垂直于 W 面。

投影面垂直直线的特性为：在所垂直的投影面的投影积聚为一点；其他两个投影面的投影分别垂直于相应的投影轴，并且能反映空间线段的实长。

（3）一般位置直线。

与 V、H、W 三个面都倾斜的直线，为一般位置直线，如图 4-22 所示直线 AB。

一般位置直线的投影特性为：三个投影都倾斜于投影轴，且三个投影都缩短，均不反映空间线段的实长。

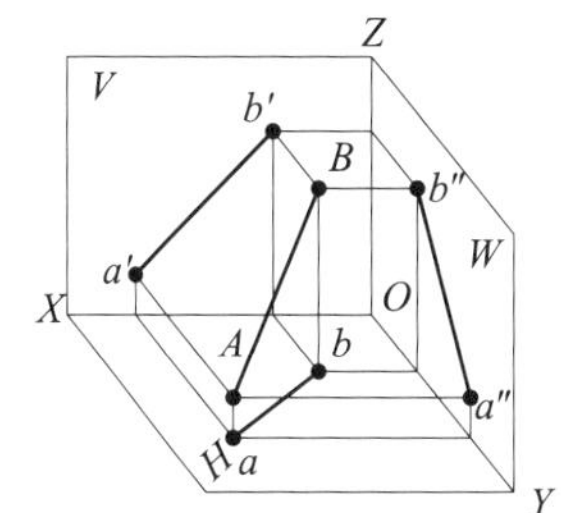

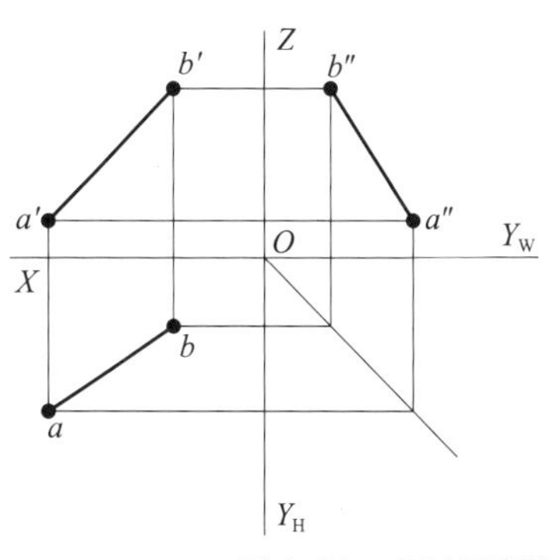

图 4-22 一般位置直线

表 4-2 投影面垂直直线

名称	铅垂线	正垂线	侧垂线
立体图			
投影图			
投影特征	1. ab 积聚为一点 2. $a'b' \perp OX$ $a''b'' \perp OY_W$ 3. $a'b' = a''b'' = AB$	1. $c'd'$ 积聚为一点 2. $cd \perp OX$ $c''d'' \perp OZ$ 3. $cd = c''d'' = CD$	1. $e''f''$ 积聚为一点 2. $e'f' \perp OZ$ $ef \perp OY_H$ 3. $e'f' = ef = EF$

2. 点与直线的相对位置

点属于直线的判别方法：

（1）从属性。

若点在直线上，则点的投影必在直线的同面投影上，且符合点的投影规律。反之，若一个点的各个投影都在直线的同面投影上，且符合点的投影规律，则该点必定在直线上，如图 4-23 中的 *C* 点。

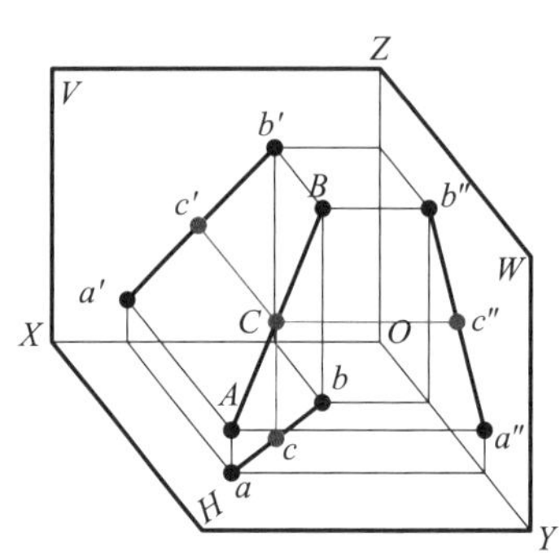

图 4-23 点属于直线

（2）定比性。

若点在直线上，则点将线段的同面投影分割成与空间直线相同的比例。如图 4-23 所示，若点 *C* 在直线 *AB* 上则有 $AC:CB=ac:cb=a'c':c'b'=a''c'':c''b''$。

3. 直线与直线的相对位置

空间两直线的相对位置有三种情况：平行、相交、交叉。

（1）平行。

若空间两直线平行，则它们的各同面投影必互相平行。反之，若两直线的各同面投影互相平行，则此两直线在空间也必互相平行，如图 4-24 所示。

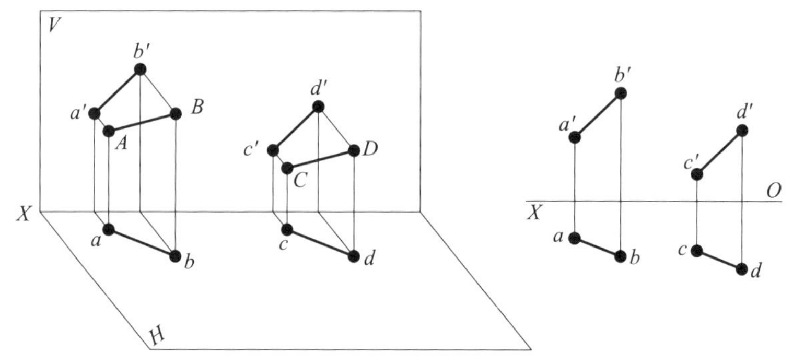

图 4-24 两直线平行

（2）相交。

若空间两直线相交，则其同名投影必相交，且交点的投影必符合空间一点的投影规律，如图 4-25 所示。

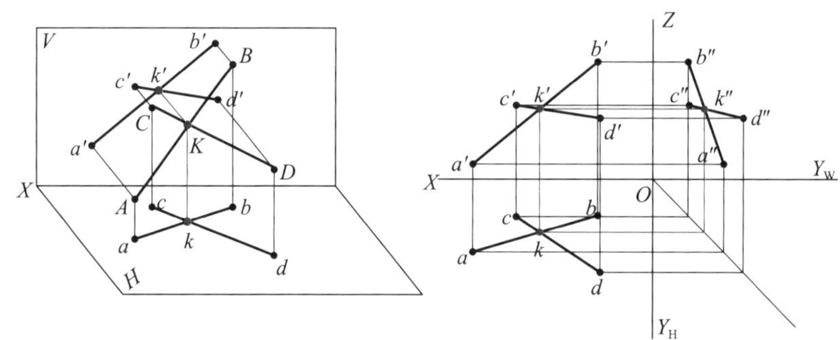

图 4-25 两直线相交

（3）交叉。

既不平行也不相交的空间两直线称为交叉直线。交叉直线的同面投影也有交点，但交点不符合空间一点的投影规律。

所谓的“交点”是两直线上的一对重影点的投影，其可帮助我们判断两直线的空间位置，如图 4-26 所示。

三、平面的投影

1. 平面的表示法

在几何学中，平面可用点、线、面等几何元素表示。平面的表示法如下：

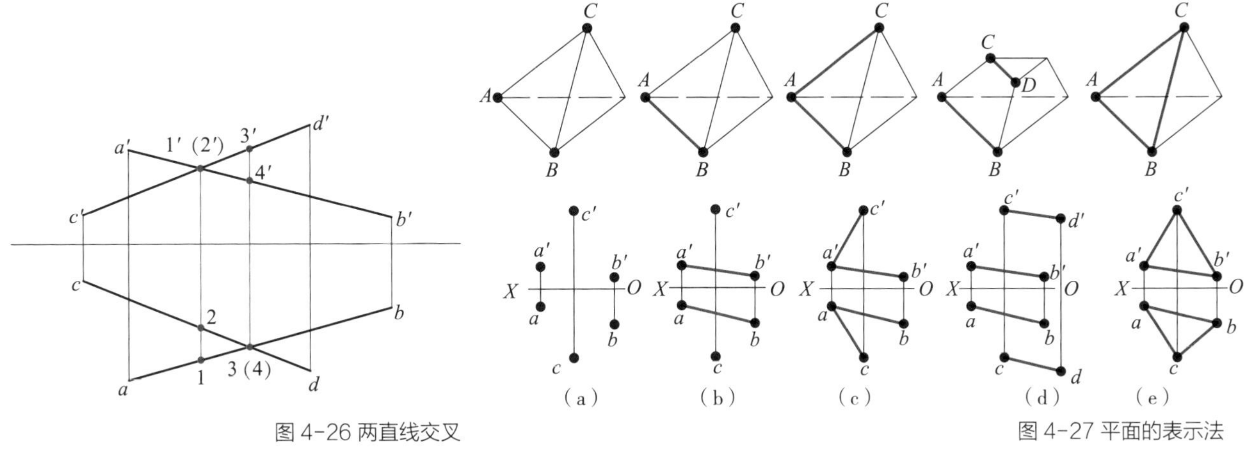

图 4-26 两直线交叉

图 4-27 平面的表示法

（1）不在同一直线上的三个点，如图 4-27（a）所示；

（2）一直线与该直线外的一点，如图 4-27（b）所示；

（3）相交两直线，如图 4-27（c）所示；

（4）平行两直线，如图 4-27（d）所示；

（5）任意平面图形（三角形、圆等），如图 4-27（e）所示。

平面投影的实质就是，求平面图形轮廓上的一系列点的投影（对于多边形而言则是其顶点），然后将各点的同面投影依次连线。

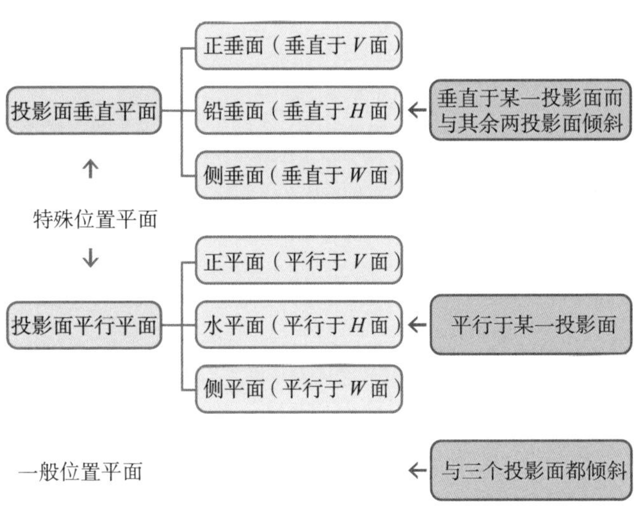

图 4-28 平面与投影面的位置关系

2. 各种位置平面的投影特性

根据平面与投影面的位置关系，可分为投影面垂直平面、投影面平行平面和一般位置平面。前两种为特殊位置平面，如图 4-28 所示。

（1）投影面垂直平面。

垂直于某一投影面，与其他两投影面均倾斜的平面，为投影面垂直平面。此类平面有如表 4-3 所示三种类型：正垂面——垂直于 *V* 面，倾斜于 *H* 面及 *W* 面；铅垂面——垂直于 *H* 面，倾斜于 *V* 面及 *W* 面；侧垂面——垂直于 *W* 面，倾斜于 *V* 面及 *H* 面。

投影面垂直平面的投影特性为：在所垂直的投影面上聚为一条直线；其他两个投影面的投影分别为类似形。

（2）投影面平行平面。

平行于某一投影面的平面为投影面平行平面。此类平面有如表 4-4 所示三种类型：正平面——平行于 *V* 面；水平面——平行于 *H* 面；侧平面——平行于 *W* 面。

投影面平行平面的投影特性为：在所平行的投影面上反映实形；其他两个投影面的投影分别积聚为一条直线且平行于相应的投影轴。

表 4-3 投影面垂直平面

名称	正垂面	铅垂面	侧垂面
立体图	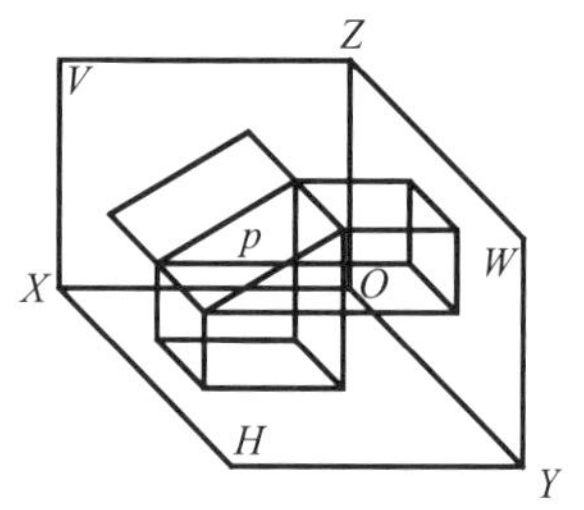	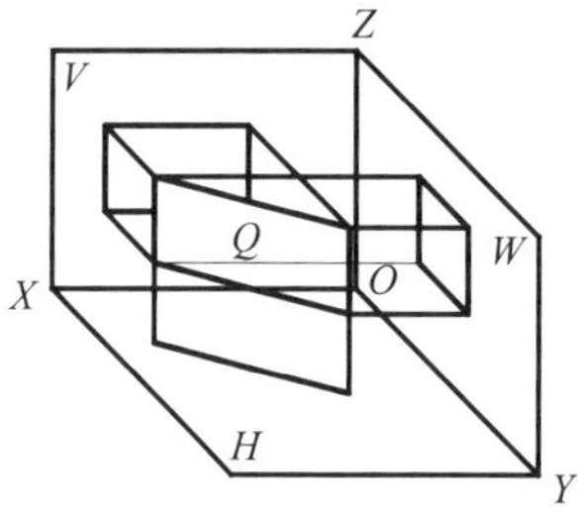	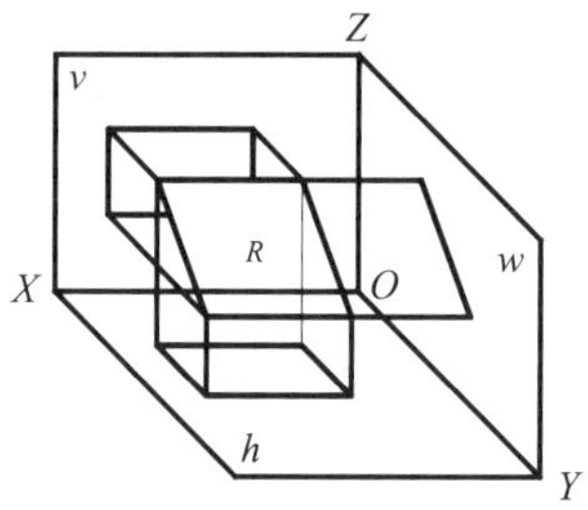
投影图	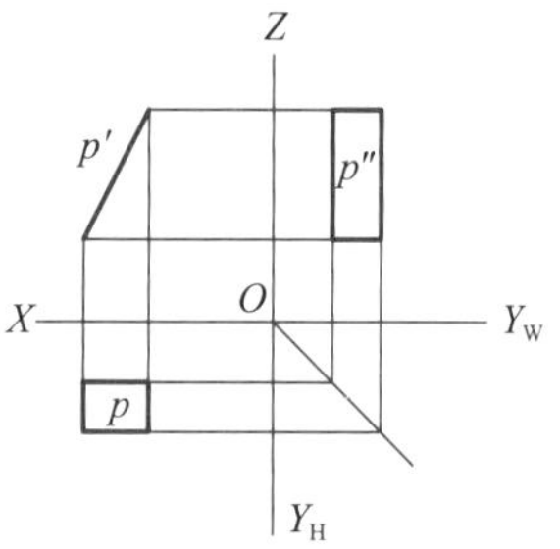	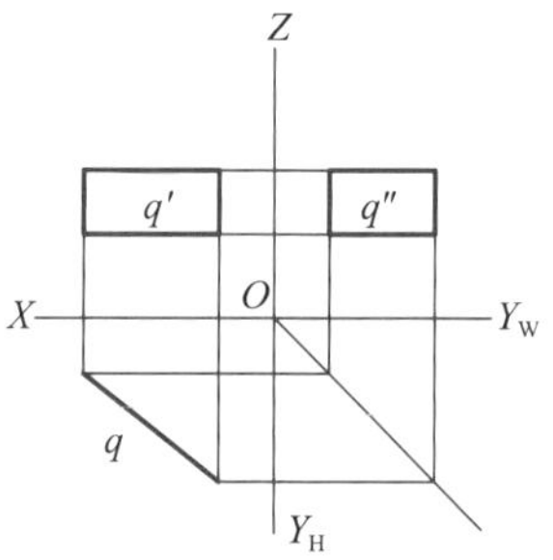	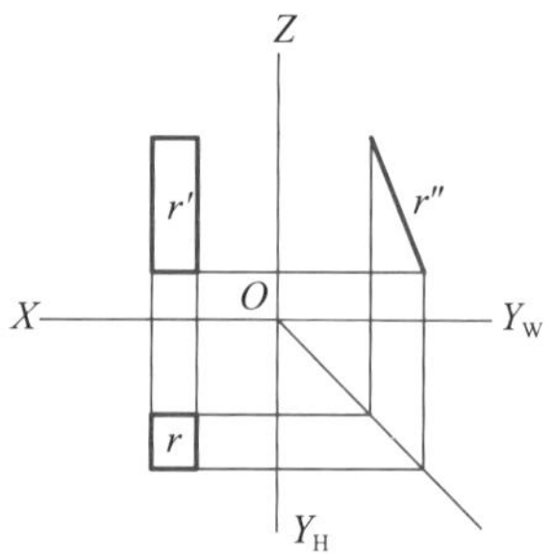
投影特征	1.p' 积聚成直线 2.p、p'' 为形状类似的两个图形	1.q 积聚成直线 2.q'、q'' 为形状类似的两个图形	1.r'' 积聚成直线 2.r、r' 为形状类似的两个图形

表 4-4 投影面平行平面

名称	正平面	水平面	侧平面
立体图	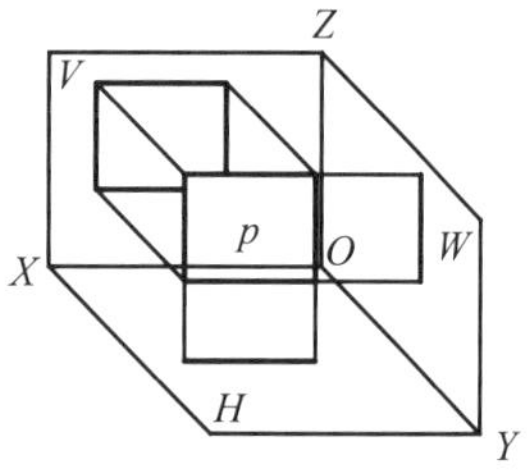	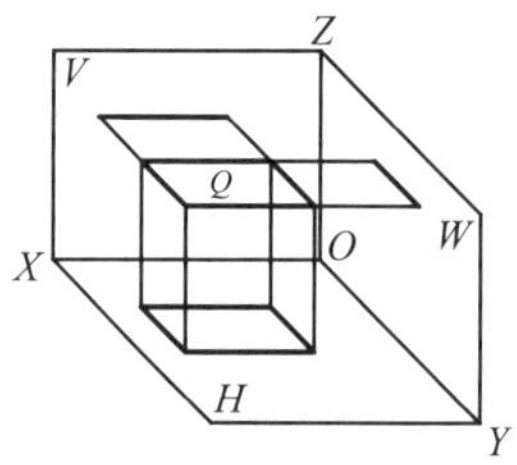	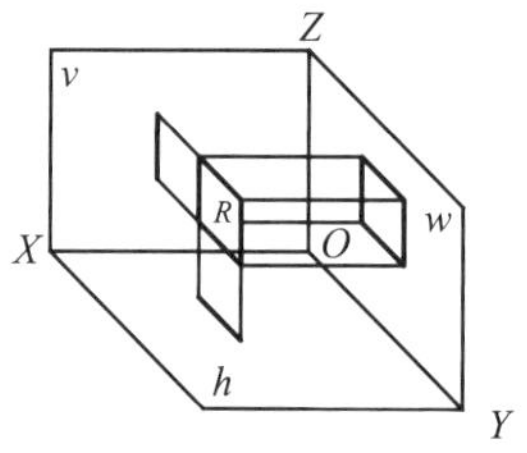
投影图	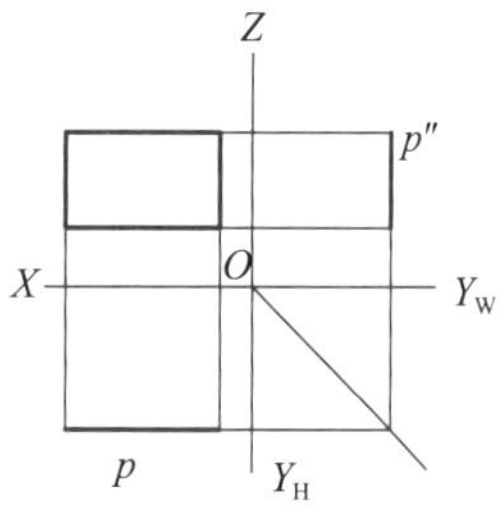	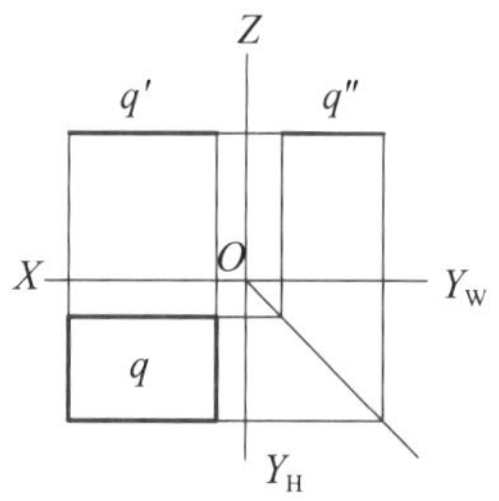	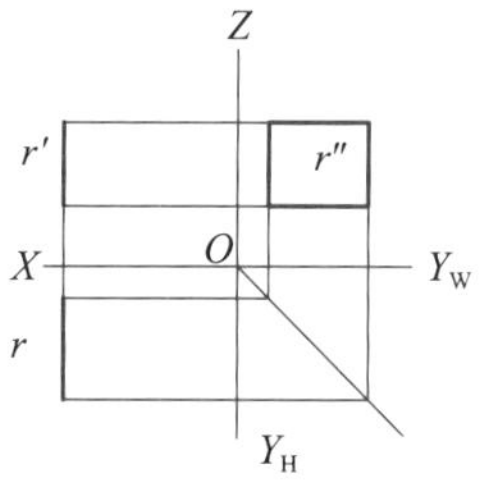
投影特征	1.$p'=P$ 反映实形 2.p 积聚成直线 $p//OX$ 3.p'' 积聚成直线 $p''//OZ$	1.$q=Q$ 反映实形 2.q' 积聚成直线 $q'//OX$ 3.q'' 积聚成直线 $q''//OY_W$	1.$r''=R$ 反映实形 2.r' 积聚成直线 $r'//OZ$ 3.r 积聚成直线 $r//OY_H$

（3）一般位置平面。

与 V、H、W 三个面都倾斜的平面，为一般位置平面，如图 4-29 所示平面 ABC。

一般位置平面的投影特性为：三个投影都是类似形。

平面的投影特性总结如下：

平面平行投影面——投影就把实形现（实形性）；

平面垂直投影面——投影积聚成直线（积聚性）；

平面倾斜投影面——投影类似原平面（类似性）。

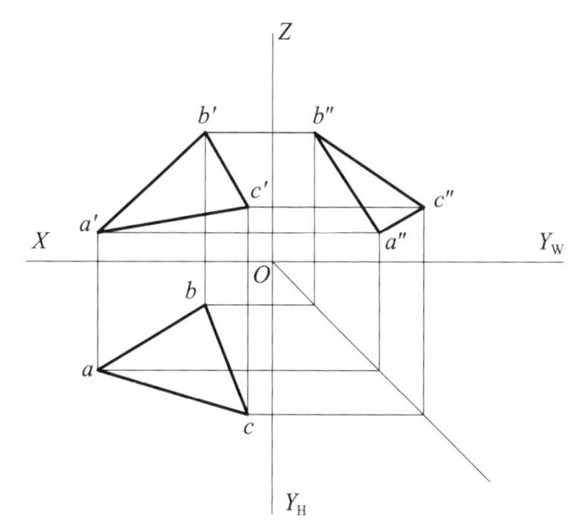

图 4-29 一般位置平面

3. 属于平面的直线和点

（1）属于平面的直线。

定理一：若一直线过平面上的两点，则此直线必在该平面内。如图 4-30 所示，点 M 和点 N 在平面 ABC 内，过这两点作直线 MN，则此直线在平面 ABC 内。

定理二：若一直线过平面上的一点，且平行于该平面上的另一直线，则此直线在该平面内。如图 4-31 所示，L 为平面 ABC 内一点，过 L 点作直线 LK 平行于 BC，则 LK 在平面 ABC 内。

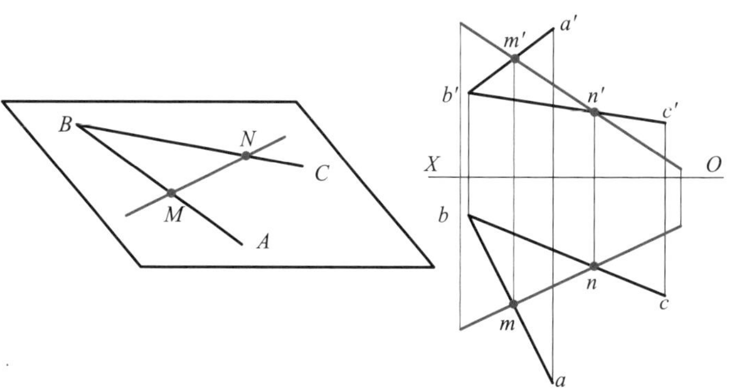

图 4-30 定理一

（2）属于平面的点。

如果点在平面上则该点必在平面内的一直线上。反之，如果点在平面内的一条直线上，则点必在该平面上。

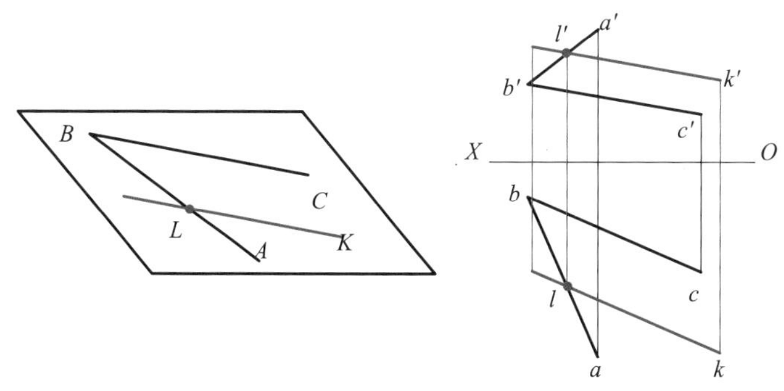

图 4-31 定理二

第三节　基本体的投影

立体是指由各种表面所围合而成的形体。由若干平面围成的立体，称为平面立体，如棱柱、棱锥等。由曲面或曲面和平面围成的立体，称为曲面立体或回转体，如圆柱、圆锥、圆球、圆环等，上述立体通常称为基本立体。

一、平面立体的投影

棱线——侧平面上相邻表面的交线；

棱柱——棱线互相平行的平面立体；

棱锥——棱线交于一点的平面立体。

画平面立体视图的实质：画出所有棱线（或表面）的投影，并根据它们的可见与否，分别采用粗实线或虚线表示，如表 4-5 所示。

二、曲面立体的投影

回转体——曲面立体中表面的曲面是回转面的曲面立体，如圆柱、圆锥、圆球、圆环等。

母线：一条运动的线（直线或曲线）。

轴线：一条不动的线。

回转面：母线绕着轴线旋转，其运动的轨迹称为回转面。

素线：母线位于回转面任一位置时的线。

表 4-5 平面立体摆放、投影分析及画法

	正六棱柱	正三棱锥
立体图	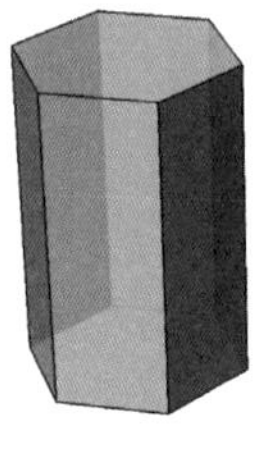	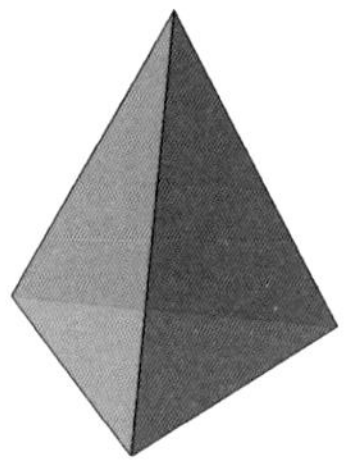
视图分析	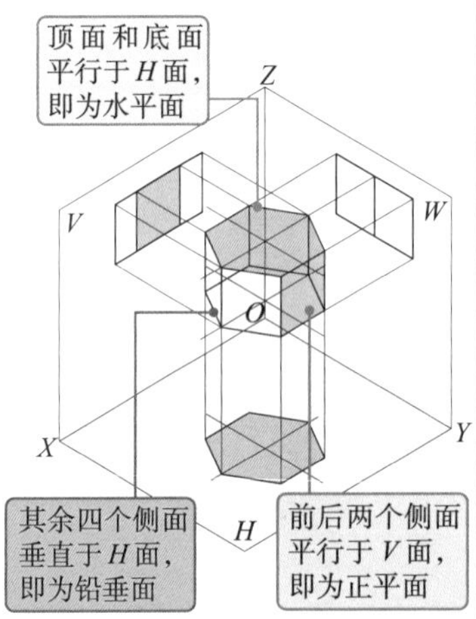顶面和底面平行于 H 面，即为水平面 Z V W O X Y H 其余四个侧面垂直于 H 面，即为铅垂面 前后两个侧面平行于 V 面，即为正平面	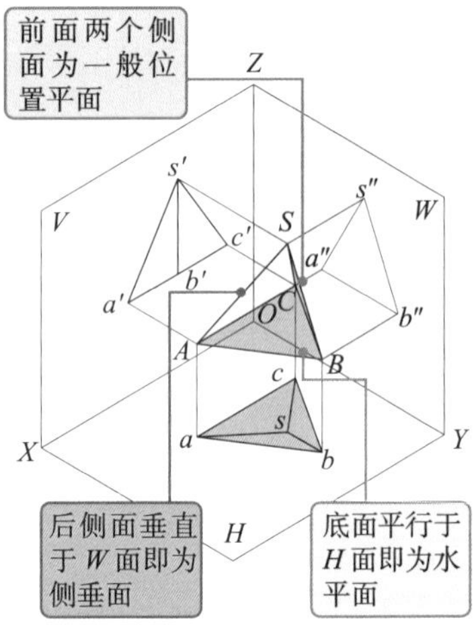前面两个侧面为一般位置平面 Z V W s′ s″ S c′ a″ a′ b′ C O b″ A B c s a b X Y H 后侧面垂直于 W 面即为侧垂面 底面平行于 H 面即为水平面
摆放位置	俯视图：顶面和底面均为水平面，在 H 面上的投影反映实形即正六边形。 主视图：三个相连的矩形，中间矩形是前、后两个正平面的投影反映实形；两侧的矩形是其他四个铅垂面在 V 面上的投影反映类似形。 左视图：两个相连的矩形，是四个铅垂面在 W 面上的投影反映类似形。	先画出底面 ABC 的三面投影，再画出 S 点的三面投影，连线即可。 （1）底面 △ ABC 三视图。H 面上的投影反映实形——正三角形 abc，其他两面投影积聚成一条直线。 （2）S 点的投影。H 面上投影在 △ abc 的外接圆圆心上。 （3）连接 SA、SB、SC 的同面投影。
画法	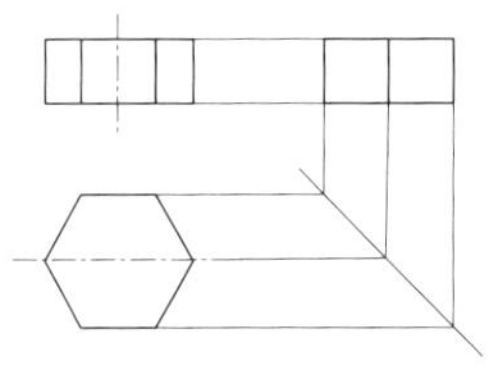	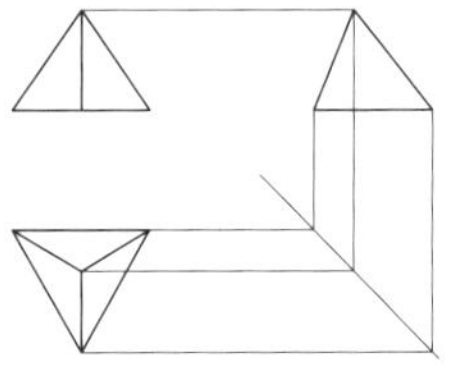

1. 圆柱的形成

圆柱由顶面、底面和圆柱面组成。如图 4-32 所示，圆柱面由母线绕其平行的轴线旋转一周形成。

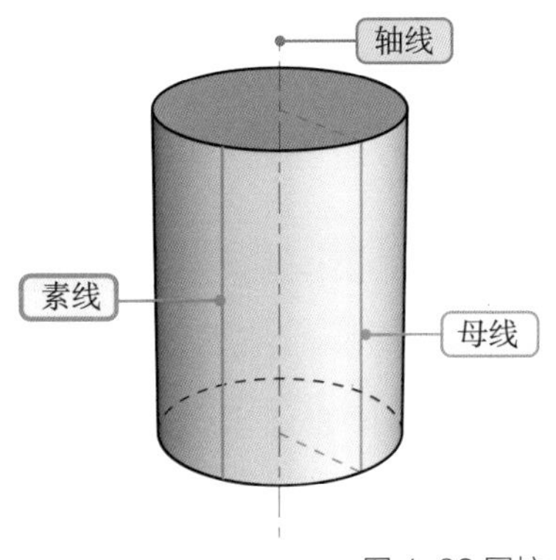

图 4-32 圆柱

2. 投影分析及画法

如图 4-33 所示，圆柱体的顶面和底面均为水平面，在水平面上投影为圆形，其他两面投影积聚成直线。圆柱面上所有的素线都是铅垂线，因此圆柱面的水平投影积聚为一圆。其他两面投影为轮廓素线组成的矩形线框。圆柱体的投影特点：一个视图为圆，另两个为矩形。

圆柱体三视图的作图步骤，如图 4-34 所示。

其他曲面立体的形成、投影分析及画法如表 4-6 所示。

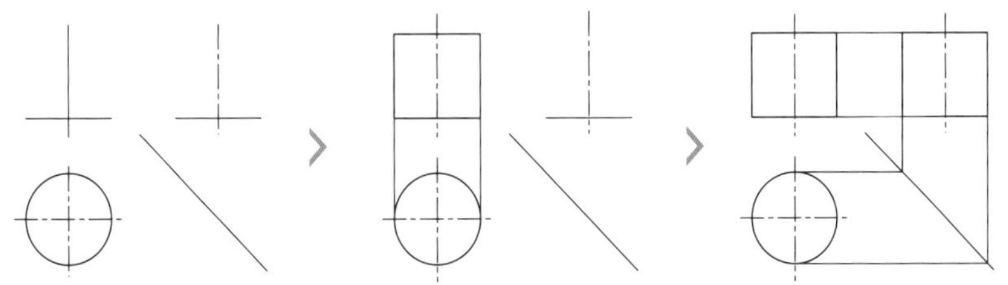

图 4-34 圆柱体三视图的作图步骤

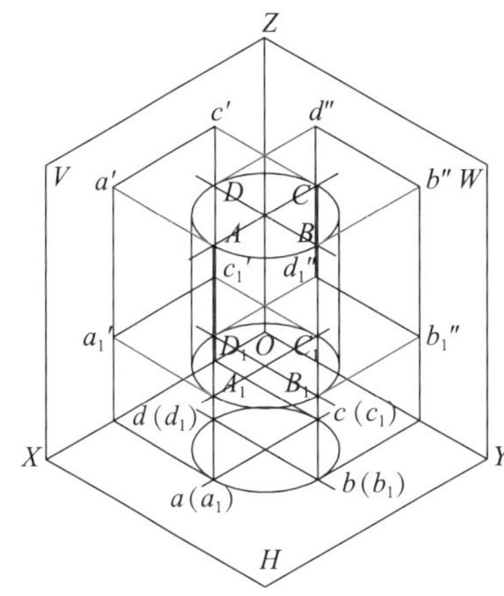

图 4-33 圆柱体在投影体系中的位置

表 4-6 曲面立体的形成、投影分析及画法

	圆锥体	球体	圆环体
体的形成	S 素线 直母线 O_1 A		内环面 分界圆 外环面 母线
视图分析	Z V W O X Y H	Z V W O X Y H	Z V W O X Y H
画法			

三、立体表面取点

立体表面取点如表 4-7 所示。

棱柱体表面取点：利用积聚性作图；

棱锥体表面取点：与棱柱体相同特殊位置的点利用积聚性作图，一般位置平面上的点需要作辅助线，按照平面上取点的作图原理；

圆柱体表面取点：利用积聚性作图；

圆锥表面取点：与圆柱体相同特殊位置的点利用积聚性作图，其他位置的点需要作辅助线，有两种作辅助线的方法，其一为素线法，其二辅助圆法；

圆球和圆环表面取点：作图方法为辅助圆法。

表 4-7 立体表面取点

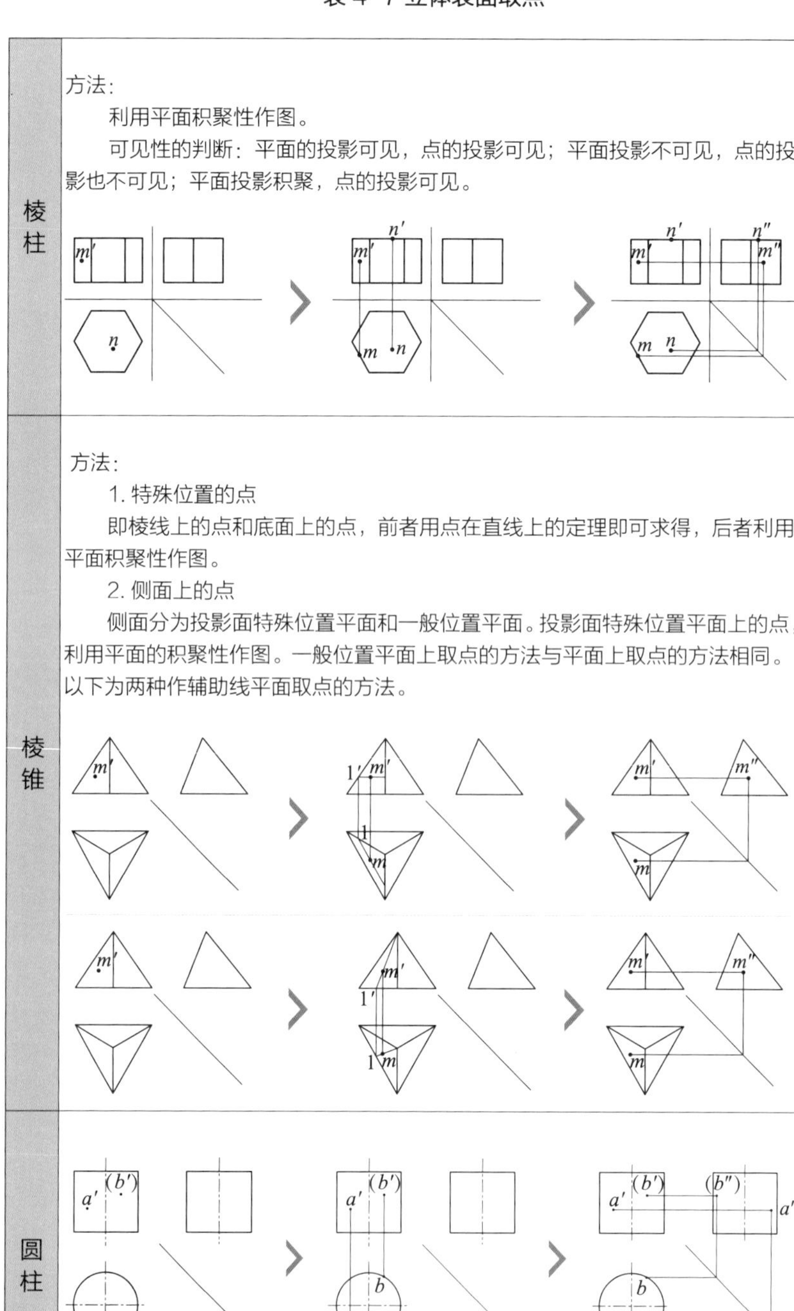

棱柱	方法： 利用平面积聚性作图。 可见性的判断：平面的投影可见，点的投影可见；平面投影不可见，点的投影也不可见；平面投影积聚，点的投影可见。
棱锥	方法： 1. 特殊位置的点 即棱线上的点和底面上的点，前者用点在直线上的定理即可求得，后者利用平面积聚性作图。 2. 侧面上的点 侧面分为投影面特殊位置平面和一般位置平面。投影面特殊位置平面上的点，利用平面的积聚性作图。一般位置平面上取点的方法与平面上取点的方法相同。以下为两种作辅助线平面取点的方法。
圆柱	

续表

<table>
<tr><td>圆锥</td><td>方法：
1. 素线法：连接 s'1'（即为圆锥表面素线）交底圆于 k' 点，求出 K 点的俯视图投影 k，1 点的俯视图投影即在素线 sk 上，通过点的投影规律求出 1 点的左视图投影。
2. 辅助圆法：过 1' 作水平线使与圆锥轮廓相交。这条线段即为过点 1 的辅助圆的正面投影（积聚成直线）。其长度即为辅助圆的直径。由此作出辅助圆的水平投影——圆。1 点的俯视图投影即在此圆上，通过点的投影规律求出 1 点的左视图投影。
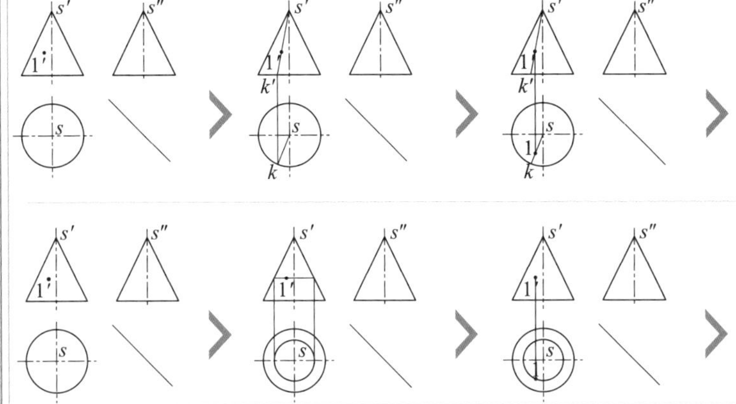</td></tr>
<tr><td>圆球</td><td>方法：
辅助圆法。其作图方法与圆锥辅助圆作图方法一样。过 a' 点作水平线使其与圆轮廓相交。这条线段即为过点 A 的辅助圆正面投影（积聚成直线）。其长度即为辅助圆的直径。由此作出辅助圆的水平投影——圆。A 点的俯视图投影即在此圆上。通过点的投影规律求出 A 点的左视图投影。
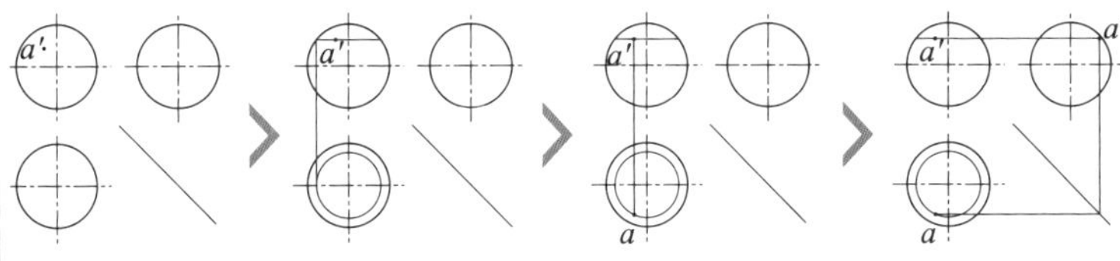</td></tr>
<tr><td>圆环</td><td>方法：
辅助圆法。其作图方法与圆锥辅助圆作图方法一样。过 m' 点作水平线使其与圆环轮廓相交。这条线段即为过点 M 的辅助圆的正面投影（积聚成直线）。其长度即为辅助圆的直径。由此作出辅助圆的水平投影——圆。M 点的俯视图投影即在此圆上。通过点的投影规律求出 M 点的左视图投影。
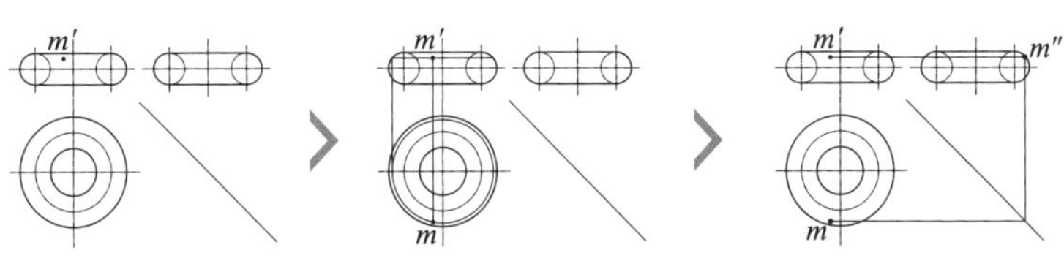</td></tr>
</table>

四、基本体的尺寸标注

要标注组合体的尺寸，应先掌握基本体的尺寸标注的方法。常见基本形体的尺寸标注方法：

1. 平面立体的尺寸标注

平面体一般应标注长、宽、高尺寸，如图 4-35 所示。

2. 曲面立体的尺寸标注

通常将尺寸标注在非圆视图上，只需一个视图即可确定回转体的形状和大小，如图 4-36 所示。

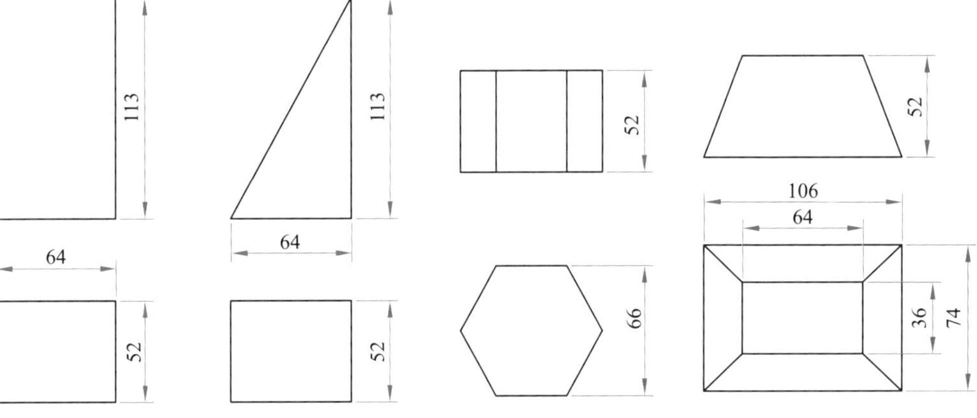

码 4-1 思考与练习

图 4-35 平面立体的尺寸标注

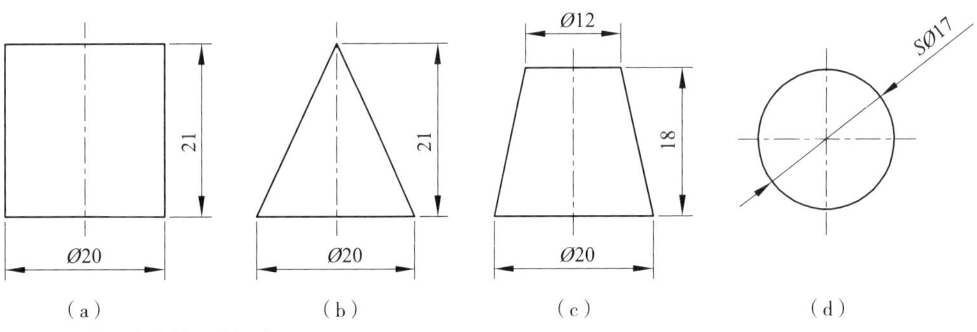

图 4-36 曲面立体的尺寸标注

思考与练习

1. 试述投影法分类及用途？工程图用哪种投影法，有什么优点和缺点？

2. 点的投影规律是什么？空间点和各个投影面的点如何标注？

3. 如何判断两个点的位置关系？

4. 两点重影的条件是什么？不可见点如何表示？

5. 根据直线与投影面的位置关系把直线分为哪几类，其中特殊位置直线有哪几种？如何命名？其投影特性分别是什么？

6. 如何判断点是否在直线上？

7. 空间两直线的相对位置有哪几种？如何判断？

8. 根据平面与投影面的位置关系把平面分为哪几类，其中特殊位置平面有哪几种？如何命名？其投影特性分别是什么？

9. 如何判断空间直线在平面上？如何判断点在平面上？

10. 绘制六棱柱三视图及圆锥三视图。

11. 举例说明平面立体和曲面立体表面取点的方法。

12. 在三视图中标注 *A*、*B*、*C*、*D* 四个点的三面投影（码 4-1-1）。

13. 说明 *B*、*C* 两点相对于 *A* 点的位置（码 4-1-2）。

14. 直线 *EF* 在平面 *ABC* 内，求直线 *EF* 俯视图投影（码 4-1-3）。

15. 补全棱柱体表面上直线 *AB* 和直线 *EF* 以及点 *C* 和点 *D* 的三面投影（码 4-1-4）。

16. 补全三棱台表面上直线 *AB* 和直线 *BC* 以及点 *D* 的三面投影（码 4-1-5）。

17. 补全圆柱体表面上曲线 *ABCD* 的三面投影（码 4-1-6）。

18. 补全圆台表面上曲线 *ABC* 的三面投影（码 4-1-7）。

CHAPTER 5

第五章

绘制组合体三视图

相关知识点

1. 立体截交线
2. 组合体视图的绘制
3. 轴测图

能力目标

1. 分析平面立体和曲面立体与平面相交的截交线的性质，根据切割体（平面与基本立体相交）的两视图画出第三视图；

2. 依据相贯体的两视图画出第三视图。用简化方法绘制相贯线；判断同轴回转体相贯线表面交线；

3. 根据组合体的形体分法，绘制组合体，提高学生的绘图能力。根据组合体的看图方法，看懂组合体的形状，提高看图能力。通过学习使学生具有标注组合体尺寸的基本能力；

4. 根据平面立体的视图正确地画出轴测图。通过学习使学生具有计算机和徒手绘图的能力。

育人目标

1. 渗透体形体分析法，引入科学方法论，应用唯物辩证法对立统一的规律和质量互变规律分析问题与解决问题，使学生养成良好的思维习惯，培养学生逻辑思维与辩证思维能力；

2. 要求学生脚踏实地，做好身边的每件事。培养学生认真负责、踏实敬业的工作态度和严谨求实、一丝不苟的工作作风；

3. 培养良好的职业道德素质，严格遵守各种标准规定。

第一节 立体截交线

一、平面与立体相交

1. 基本概念

截平面 —— 用以截切物体的平面。

截交线 —— 截平面与立体表面的交线。

截断面 —— 由交线围成的平面图形。

截断体 —— 形体被平面截断后分成两部分，每部分均称为截断体。（图 5-1）

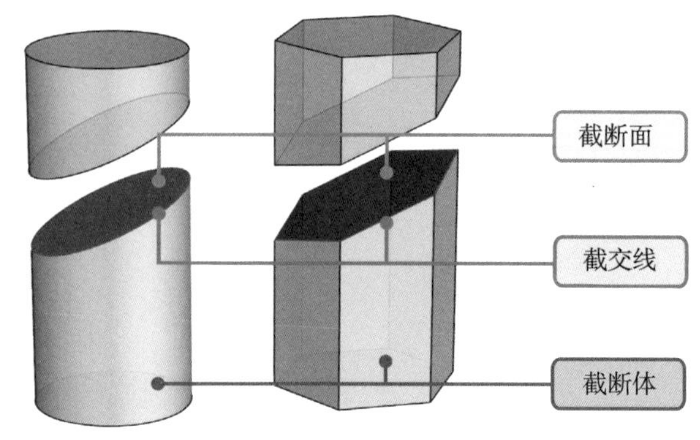

图 5-1 平面与立体相交

（1）平面立体截交线的性质。

封闭性：平面立体的截交线一定是一个封闭的平面多边形。

共有性：截交线是截平面与立体表面的共有线。（图 5-2）

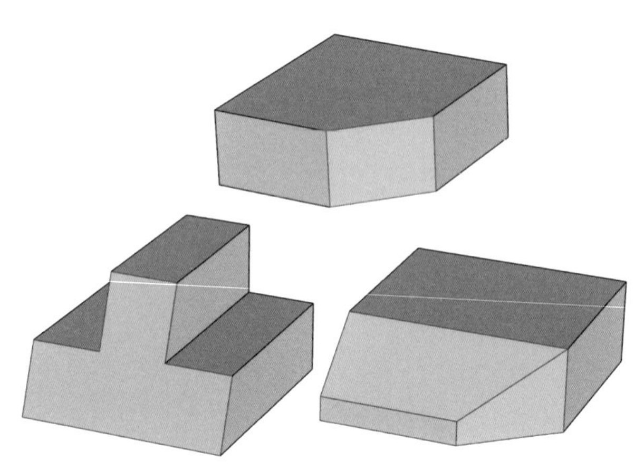
图 5-2 平面立体截交线的性质

（2）平面立体截交线的求法。

平面与立体相交的实质就是求截交线，即求截平面与立体上被截各棱的交点或截平面与立体表面的交线，然后依次连接而得。

2. 单平面与平面立体相交

（1）求单平面与平面立体截交线的实质。

求截平面与立体上被截各棱的交点，然后依次连接而得的图形，如图 5-3 所示。

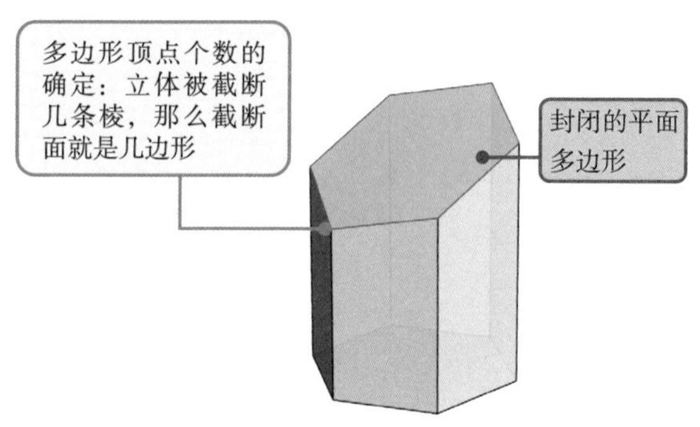

图 5-3 单平面与平面立体相交

（2）步骤。

A. 空间及投影分析。

分析截平面与体的相对位置——确定截断面的形状（截平面为特殊位置平面）；

截平面与平面立体的相对位置不同得到不同形状的截断面，如图 5-4 所示；

分析截平面与投影面的相对位置——确定截断面的投影特性，如积聚性。

B. 画出截交线的投影。

求出截平面与被截棱线的交点，并判断可见性；

依次连接各顶点成多边形，注意线的可见性。

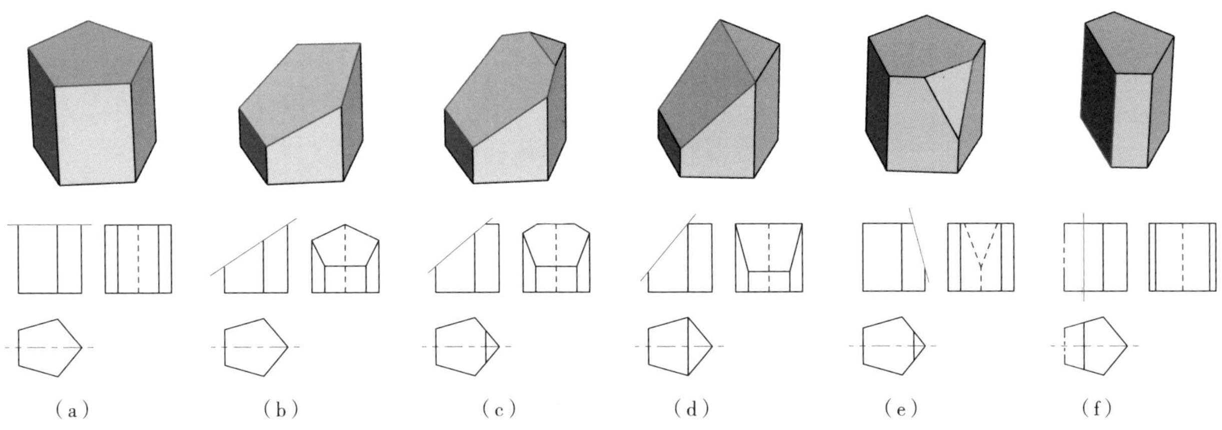

图 5-4 截平面与平面立体不同的相对位置

C. 完善轮廓。

【例题 5-1】：求四棱锥被截切后的俯视图和左视图，如图 5-5 所示。

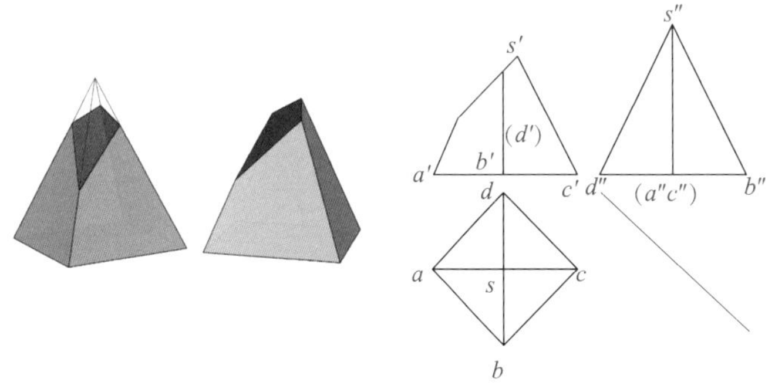

图 5-5 例题 5-1

A. 空间及投影分析，如图 5-6 所示。

分析截平面与体的相对位置，判断截交线所围成的封闭图形为几边形。截平面与棱线 AS、BS、CS 和 DS 相交得到四个交点，即所得封闭多边形为四边形。

分析截平面与投影面的相对位置。截平面为正垂面，所得截断面在主视图上积聚成一条直线，在俯视图和左视图上为类似形。

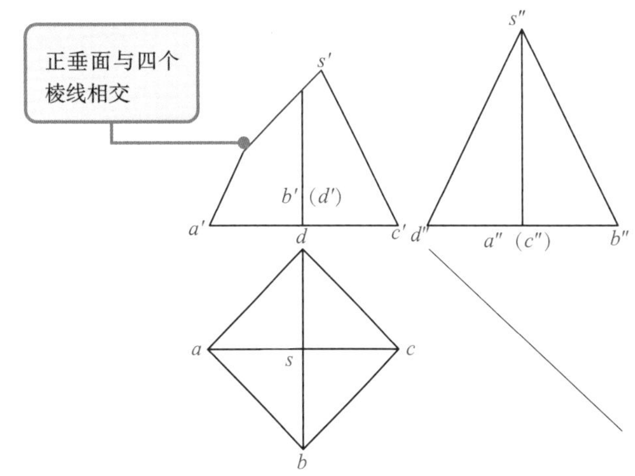

图 5-6 例题 5-1 空间及投影分析

B. 画出截交线的投影，如图 5-7 所示。求得截平面与棱线 CS、BS、AS 和 DS 相交所得交点在正面中投影分别为 1′、2′、3′、4′。根据点在直线上的投影特性，求得相应的水平投影 1、2、3、4 和侧面投影 1″、2″、3″、4″。按照在同一棱面上两点相连原则，依次连接各点并判断其可见性，得截交线水平投影和侧面投影。

C. 完善轮廓，如图 5-8 所示。去掉水平投影中 $s1$、$s2$、$s3$、$s4$ 连线和侧面投影 $s''1''$、$s''2''$、$s''3''$、$s''4''$ 连线，注意 1″3″ 连线为虚线。

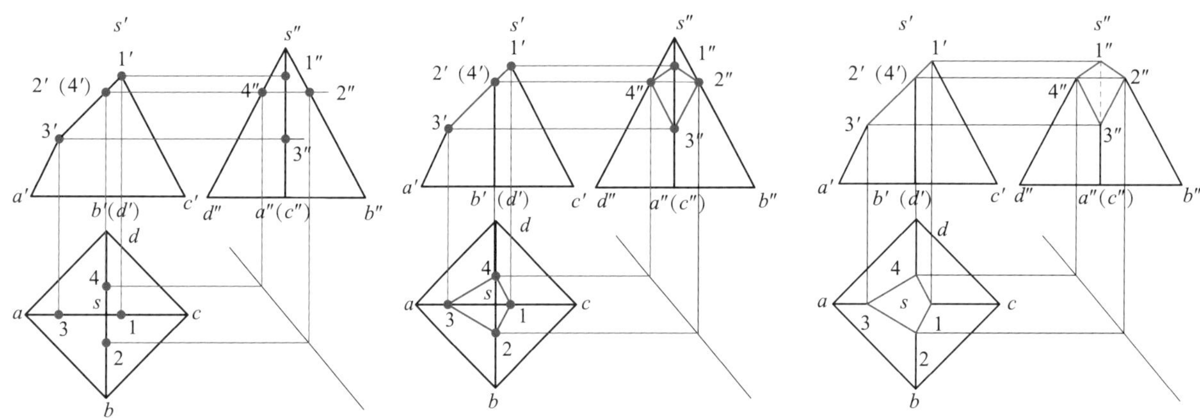

图 5-7 例题 5-1 截交线的投影

图 5-8 例题 5-1 完善轮廓

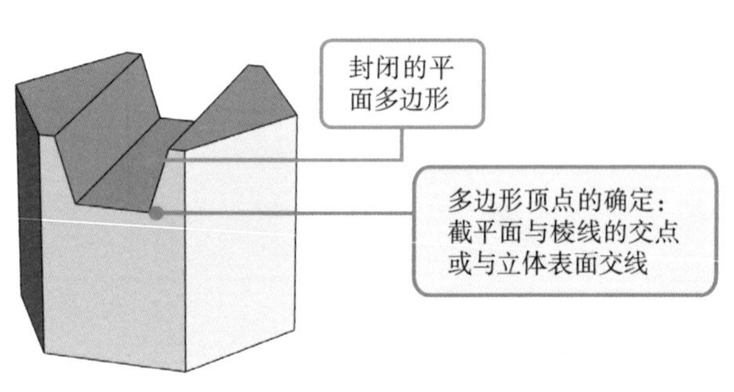

图 5-9 多平面与平面立体相交

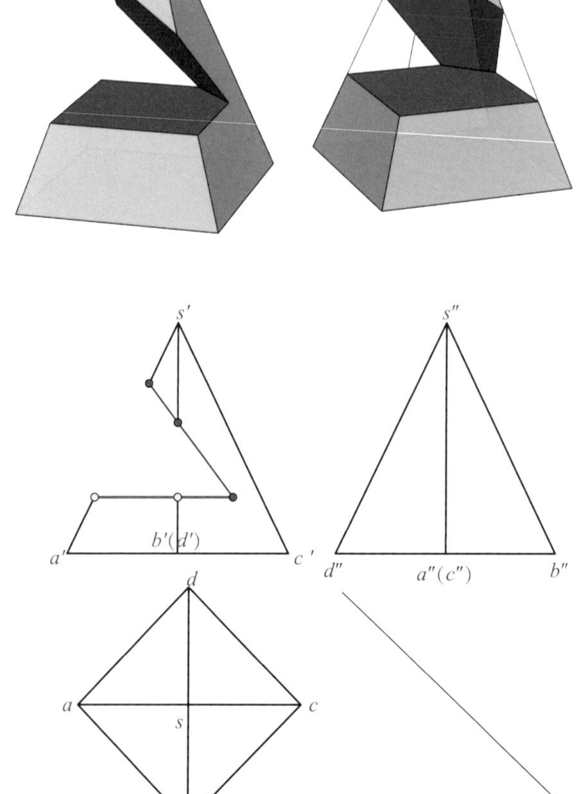

图 5-10 例题 5-2

3. 多平面与平面立体相交

（1）求多平面与平面立体截交线的实质：求截平面与立体上被截各棱的交点或截平面与立体表面的交线，然后依次连接而得，如图 5-9 所示。

（2）步骤。

A. 空间及投影分析。

分析截平面与体的相对位置——确定截断面的形状；

分析截平面与投影面的相对位置——确定截断面的投影特性。

B. 画出截交线的投影。

求出截平面与被截棱线的交点或与立体表面的交线，并判断线的可见性；

依次连接各顶点成多边形，注意线的可见性。

C. 完善轮廓。

【例题 5-2】：画全有缺口的四棱锥的水平投影和侧面投影，如图 5-10 所示。

A. 空间及投影分析，如图 5-11 所示，四棱锥被正垂面和水平面截切，正垂面与棱线 *AS*、*BS*、*DS* 相交并与平面 *BSC* 和平面 *DSC* 相交得到五边形。

正垂面的投影特性为：主视图积聚成一条直线，俯视图、左视图为类似形。

水平面与棱线 *AS*、*BS*、*DS* 相交并与平面 *BSC* 和平面 *DSC* 相交得到五边形。

水平面的投影特性为：主视图积聚成一条直线且与 *X* 轴平行，俯视图反应实形，左视图积聚成一条直线且与 *Y* 轴平行。

B. 画出截交线的投影，如图 5-12 所示。

在正面投影中求得正垂面与 *a*′ *s*′、*b*′ *s*′、*d*′ *s*′ 及平面 *b*′ *s*′ *c*′ 和平面 *d*′ *s*′ *c*′ 相交得到 1′、2′、5′、3′、4′ 五个交点。根据点在直线上的投影特性以及点在平面上的投影特性，求得相应的水平投影 1、2、5、3、4 和侧面投影 1″、2″、5″、3″、4″，如图 5-12（a）所示。依次连接各点并判断可见性，得截交线水平投影和侧面投影如图 5-12（b）所示。

在正面投影中求得水平面与 *a*′ *s*′、*b*′ *s*′、*d*′ *s*′ 相交得到 7′、6′、8′ 三个交点。根据点在直线上的投影特性，求得相应的水平投影 7、6、8 和侧面投影 7″、6″、8″，如图 5-12（c）所示。依次连接各点并判断可见性，得截交线水平投影和侧面投影，如图 5-12（d）所示。

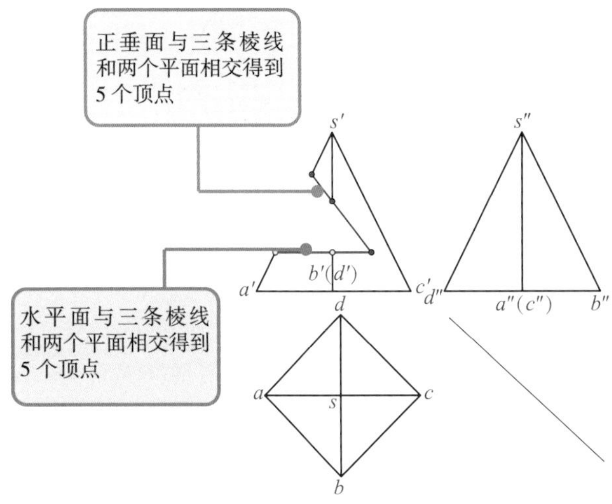

图 5-11 例题 5-2 空间及投影分析

C. 完善轮廓，如图 5-13 所示。去掉水平投影中 17、26、58 连线和侧面投影 1″ 7″、2″ 6″、5″ 8″ 连线，注意 1″ 7″ 连线为虚线。

4. 平面与曲面立体相交

（1）曲面立体截交线的性质。

截交线是截平面与回转体表面的共有线，如图 5-14 所示。

截交线的形状取决于回转体表面的形状及截平面与回转体轴线的相对位置。截交线都是封闭的平面图形，如图 5-14 所示（封闭曲线或由直线和曲线围成）。

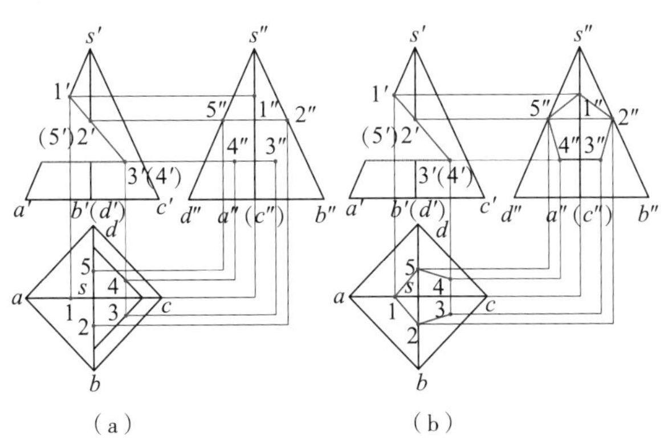

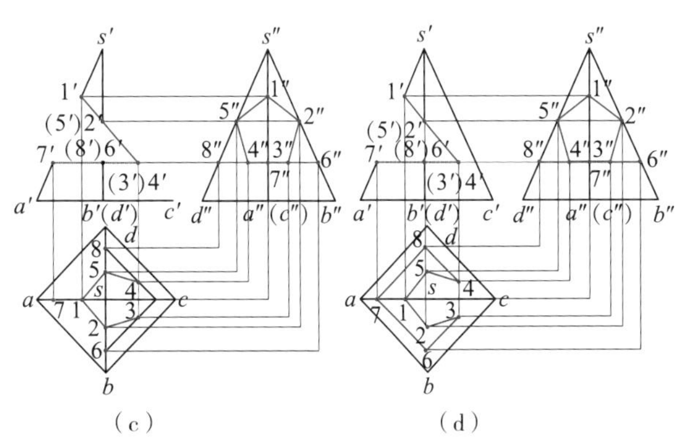

图 5-12 例题 5-2 截交线的投影

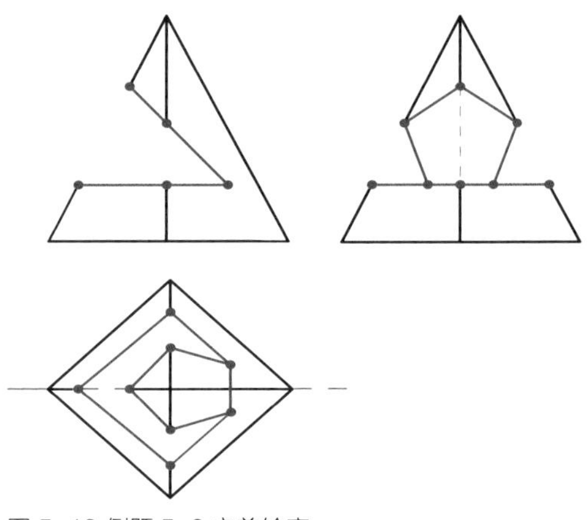
图 5-13 例题 5-2 完善轮廓

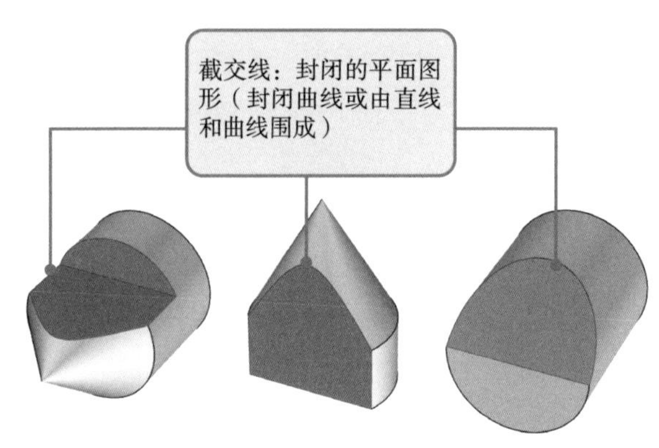

图 5-14 立体表面的截交线

（2）求曲面立体截交线的实质。

求截平面与曲面上被截各素线的交点，然后依次光滑连接。

（3）步骤。

A. 空间及投影分析。

分析回转体的形状以及截平面与回转体轴线的相对位置——确定截断面形状；

截平面与曲面立体的相对位置不同得到不同的截交线。

水平面对圆锥体进行截切，如图 5-15（a）所示；

正垂面对圆锥体进行截切，如图 5-15（b）所示；

正平面对圆锥体进行截切，如图 5-15（c）所示；

平行于圆锥体最大轮廓线的正垂面对圆锥体进行截切，如图 5-15（d）所示；

过锥顶的侧垂面对圆锥体进行截切，如图 5-15（e）所示；

分析截平面与投影面的相对位置——确定截断面的投影特性。

B. 画出截交线的投影。

先找特殊点(外形素线上的点和极限位置点)；

补充一般点：光滑连接各点，并判断截交线的可见性。

C. 完善轮廓。

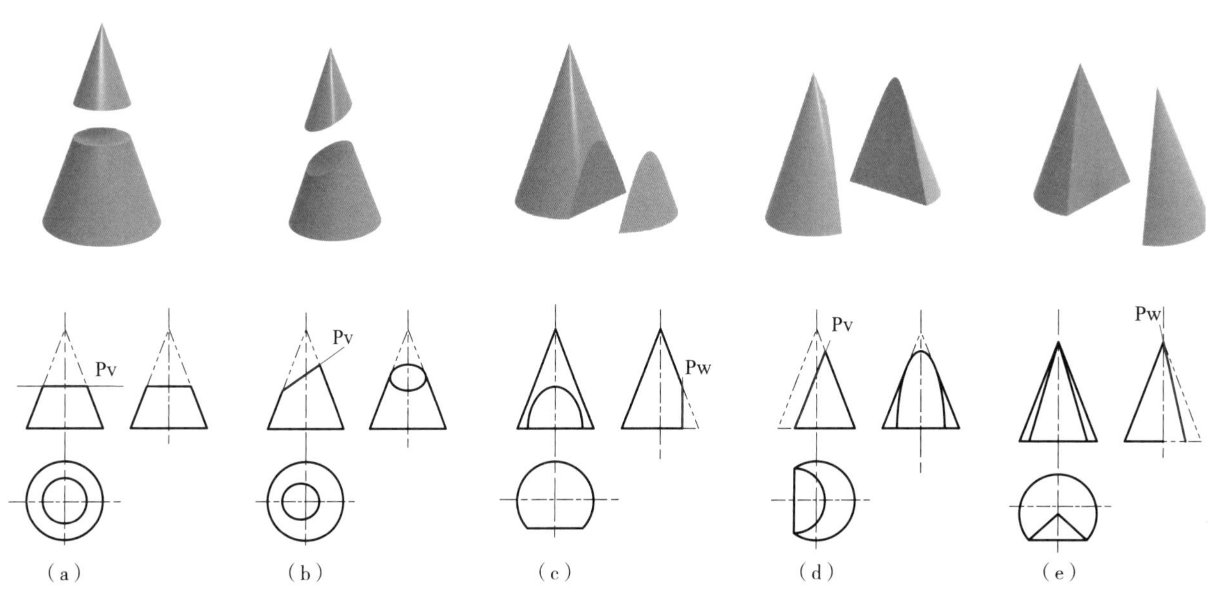

图 5-15 截平面与曲面立体不同的相对位置

【例题 5-3】：求作切口圆锥台的左视图、俯视图，如图 5-16 所示。

A. 空间及投影分析，如图 5-17 所示。

当截平面为水平面时，在水平面投影为圆的一部分，侧面投影积聚成直线。当截平面为侧平面时，在水平面投影积聚成线，侧面投影为双曲线的一部分。

B. 画出截交线的投影。

根据辅助圆法求上面水平面与曲面立体的交线，如图 5-18（a）所示；求下面水平面与曲面立体的交线，如图 5-18（b）所示；求侧平面与曲面立体的交线，如图 5-18（c）所示（需要补充一般点）。

C. 完善轮廓，如图 5-19 所示。

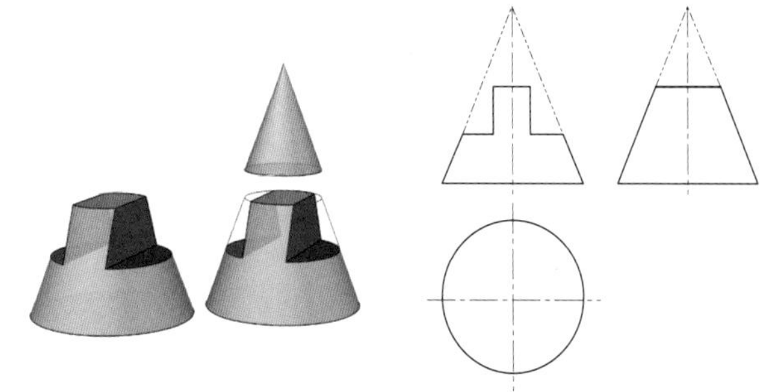

图 5-16 例题 5-3

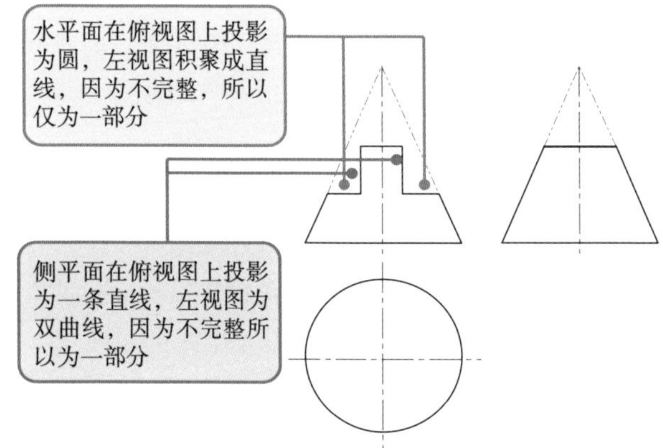

图 5-17 例题 5-3 空间及投影分析

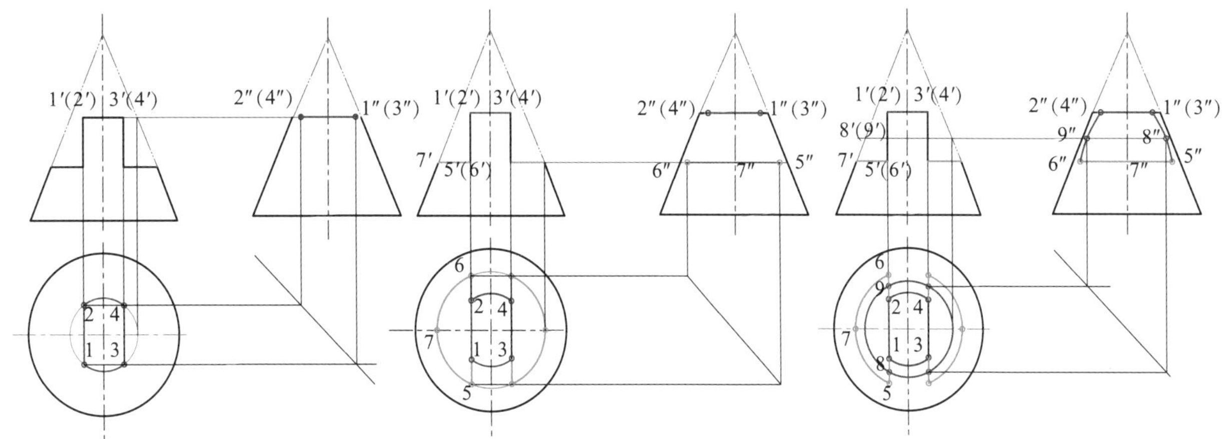

图 5-18 例题 5-3 截交线的投影

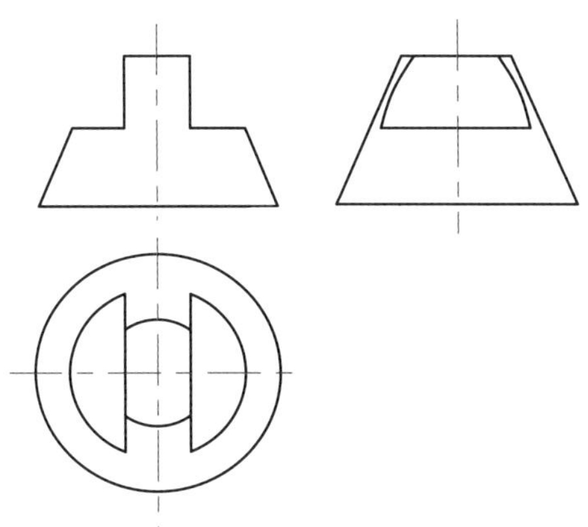

图 5-19 例题 5-3 完善轮廓

二、立体与立体相交

相贯线是两个基本体相交时产生的交线，如图 5-20 所示。

相贯线具有以下性质：

表面性：相贯线位于两个基本体的表面上；

封闭性：相贯线一般是封闭的空间折线（通常由直线和曲线组成）或空间曲线；

共有性：相贯线是两基本体表面的共有线，也是两个基本体表面的分界线。相贯线上的点是两个基本体表面的共有点，如图 5-20 所示。

1. 利用积聚性求相贯线

利用积聚性求相贯线——交线的两面投影都具有积聚性时，可按投影关系直接求第三面投影。

【例题 5-4】：求正交两圆柱体的相贯线，如图 5-21 所示。

A. 空间及投影分析，如图 5-22 所示。

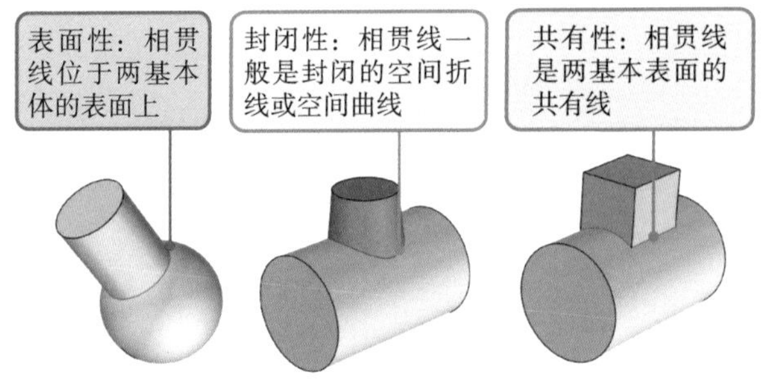

图 5-20 相贯线

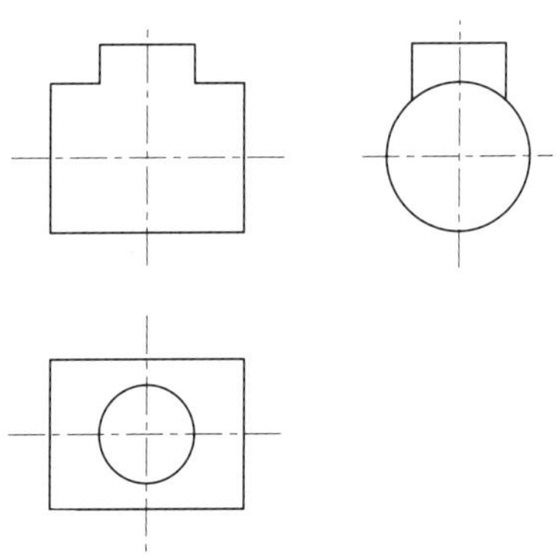

图 5-21 例题 5-4

相贯线积聚在此圆周上

两圆柱体的轴线正交，且分别垂直与 *H* 面和 *W* 面

图 5-22 例题 5-4 空间及投影分析

两个圆柱体相贯俯视图和左视图相贯线具有积聚性。

B. 找特殊点，判断可见性，如图 5-23（a）所示。水平面投影中四个象限点为特殊位置点，根据投影关系求得正面投影 1′、2′、3′、4′。

C. 找一般点，判断可见性，如图 5-23（b）所示。水平投影的圆上添加四个点 5、6、7、8，根据投影关系求得正面投影 5′、6′、7′、8′。

D. 光滑连接，如图 5-23（c）所示。

两圆柱正交的类型，如图 5-24 所示。

2. 辅助平面法

辅助平面法——假想用水平面 *P* 截切立体，*P* 面与圆柱体的截交线为两条直线，与圆锥面的交线为圆，圆与两直线的交点即为相贯线上的点。

【例题 5-5】：求圆柱体与圆锥体的相贯线，如图 5-25 所示。

A. 找特殊点，如图 5-26（a）所示。侧面投影中上下象限点为特殊位置点，根据投影关系求得正面投影 1′、2′和水平投影 1、2。

B. 找一般点，如图 5-26（b）所示。在侧面投影圆上找 3″、4″、5″、6″、7″、8″六个点 。作辅助平面求得正面投影 3′、4′、5′、6′、7′、8′和水平投影 3、4、5、6、7、8。

C. 判断可见性，如图 5-26（c）所示。正面投影中 3′、5′、7′和水平投影中 2、5、6 不可见。

D. 光滑连接各点并完善轮廓，如图 5-26（d）所示。

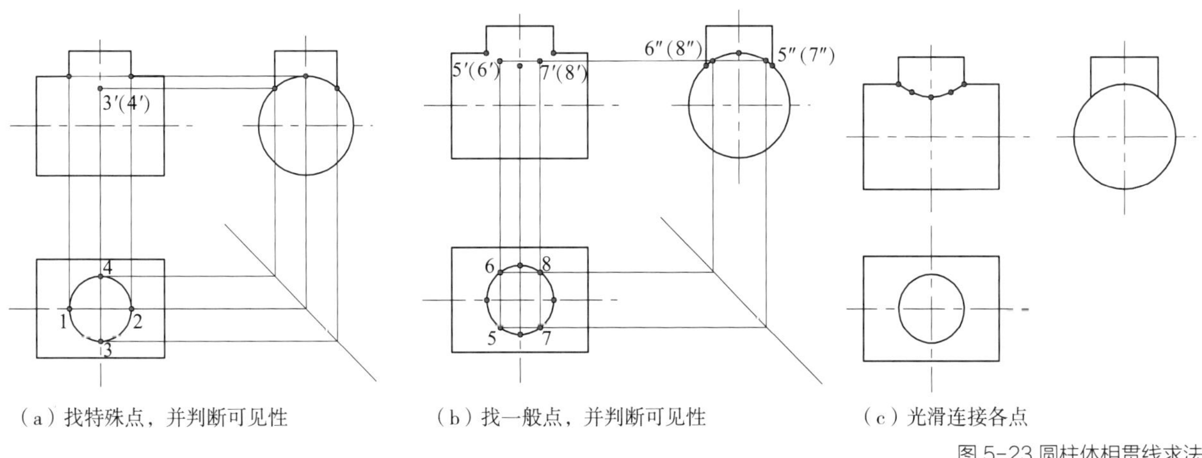

（a）找特殊点，并判断可见性 （b）找一般点，并判断可见性 （c）光滑连接各点

图 5-23 圆柱体相贯线求法

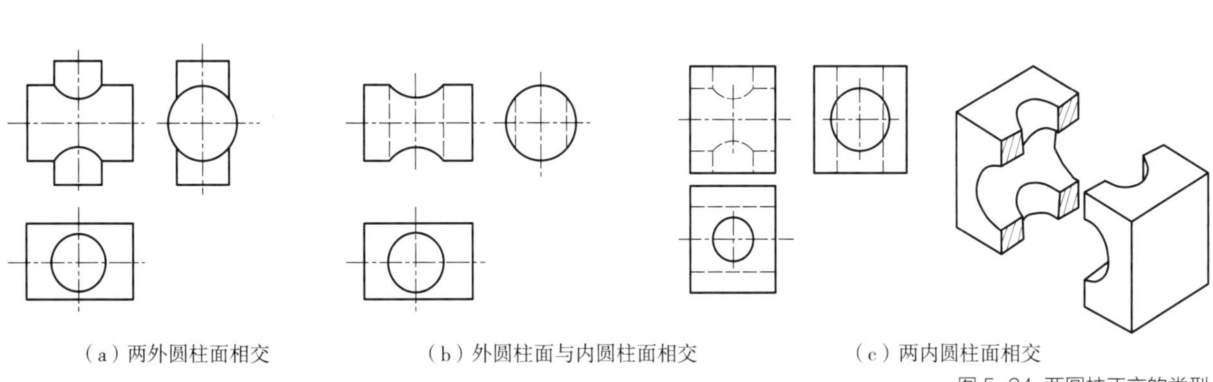

（a）两外圆柱面相交 （b）外圆柱面与内圆柱面相交 （c）两内圆柱面相交

图 5-24 两圆柱正交的类型

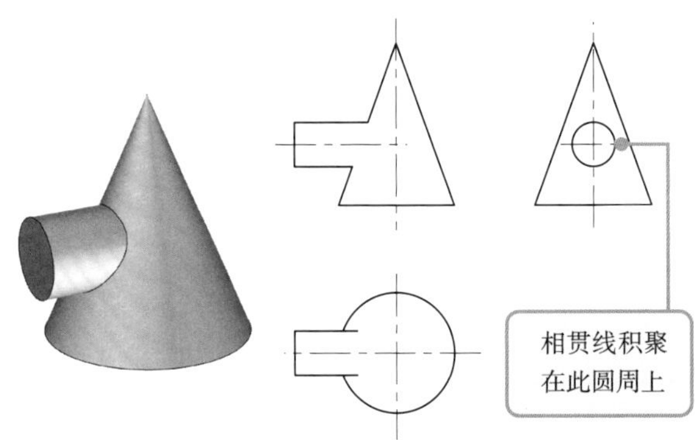

图 5-25 圆柱体与圆锥体的相贯线

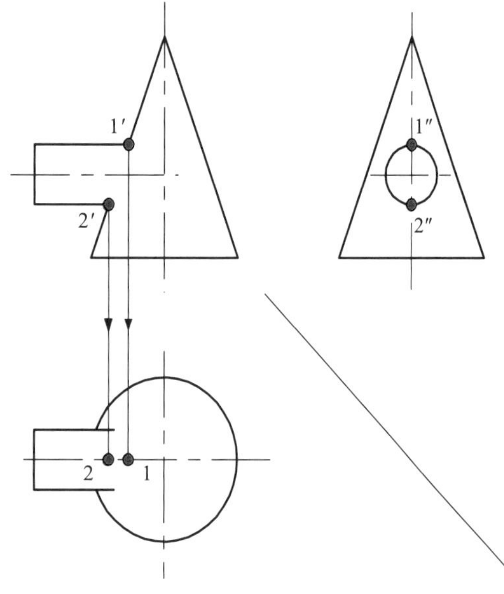

（a）找特殊点

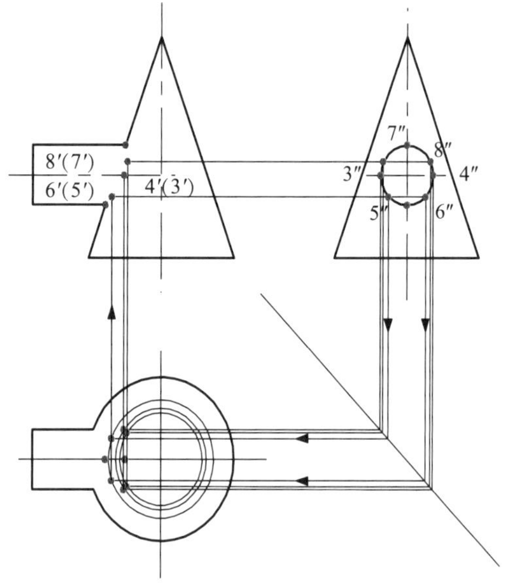

（b）找一般点

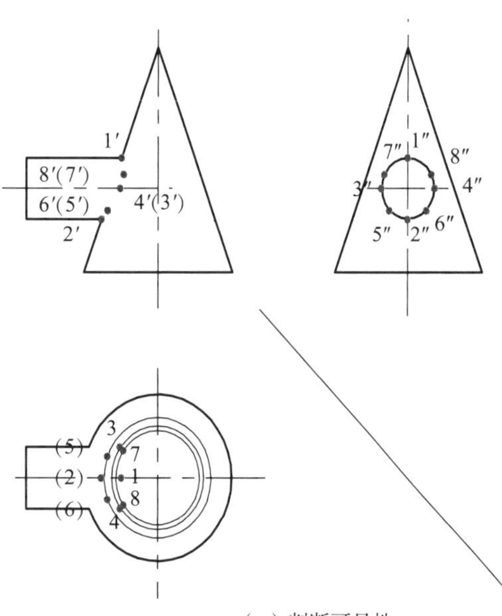

（c）判断可见性

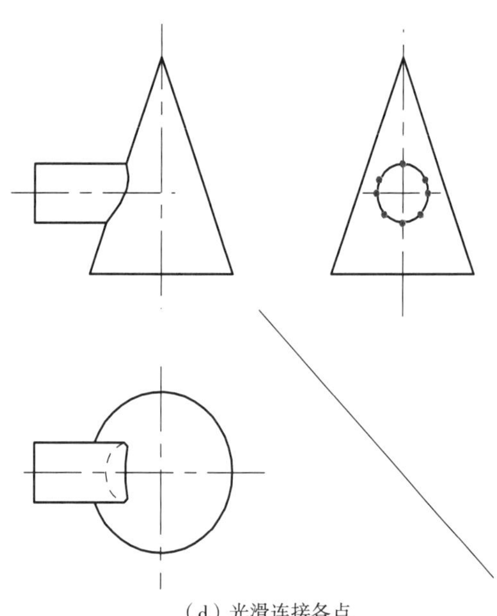

（d）光滑连接各点

图 5-26 圆柱体与圆锥体的相贯线的求法

三、切割体的尺寸标注

切割体是指带有切口、槽和穿孔的基本体，如图 5-27 所示。

除了要标注基本体的定形尺寸外，还需要标注截切平面的定位尺寸和开槽或穿孔的定形尺寸，如图 5-28 所示。

标注切割体尺寸时应注意截交线上不能标注尺寸，如图 5-29 所示。

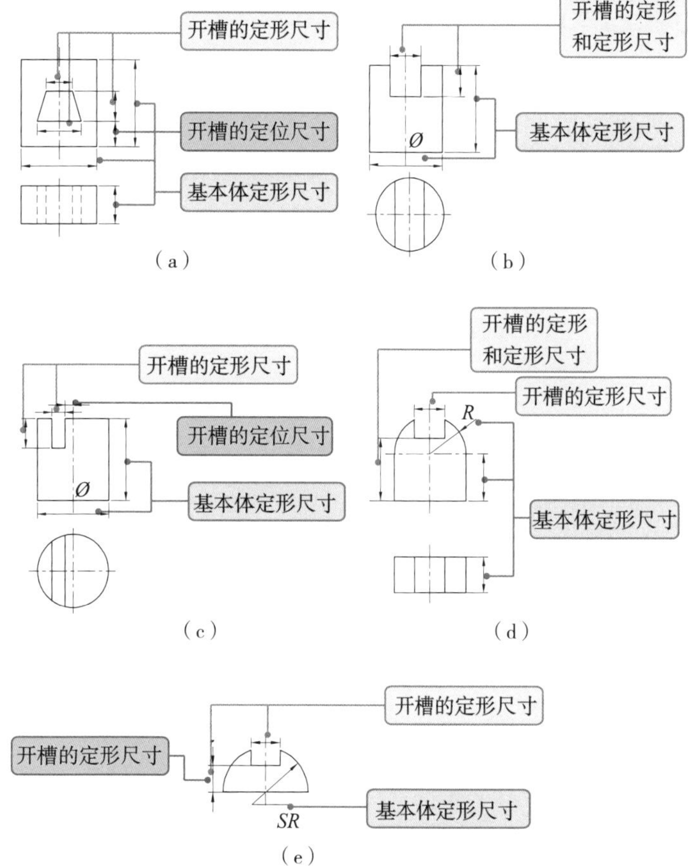

图 5-28 切割体尺寸标注

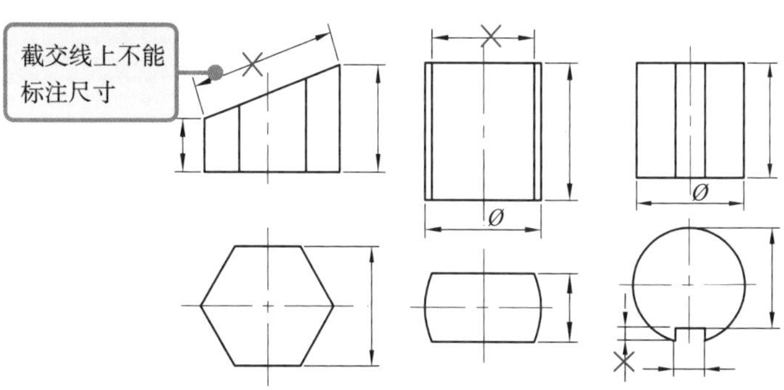

图 5-29 截交线上不能标注尺寸

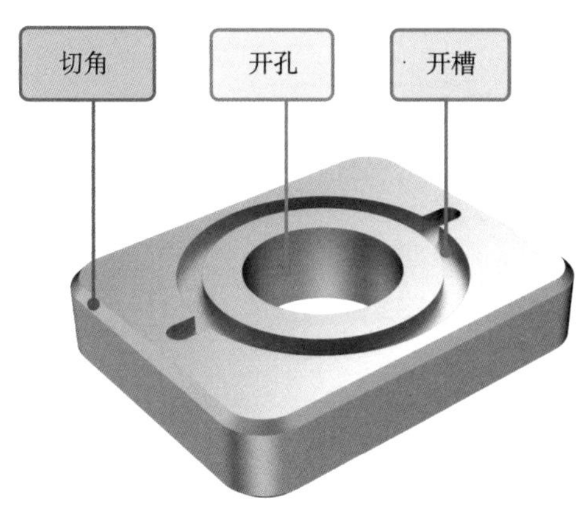

图 5-27 切割体

第二节 组合体投影

产品的形态是多种多样的，但从造型的角度来看，多数产品可以认为是由若干基本立体，如棱柱、棱锥、圆柱、圆锥、球、环等组合而成，这种由基本立体组合而成的物体称为组合体，如图 5-30 所示的产品造型就是由圆台体和棱柱体组合而成。

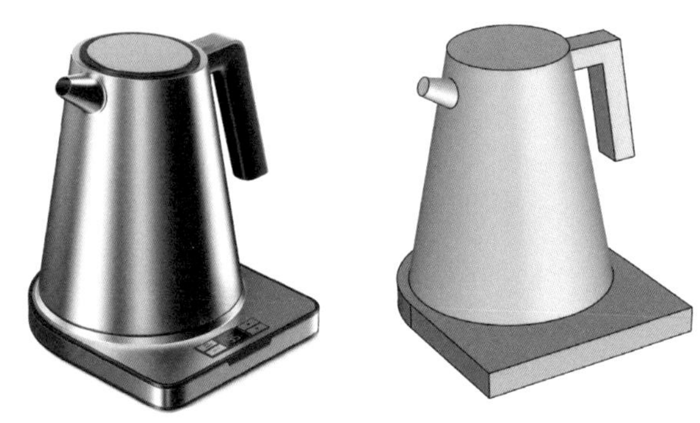

图 5-30 产品造型与立体

一、组合体的组合方式

组合体的组合方式分为叠加和切割两种方式，如图 5-31 和图 5-27 所示，较复杂者常是两种方式的结合。

1. 叠加

对于由基本立体堆积而成的组合体，画图时可按形体先逐一画出各基本立体的投影，最后得到组合体完整的投影，要注意画全各基本立体分界面的投影。

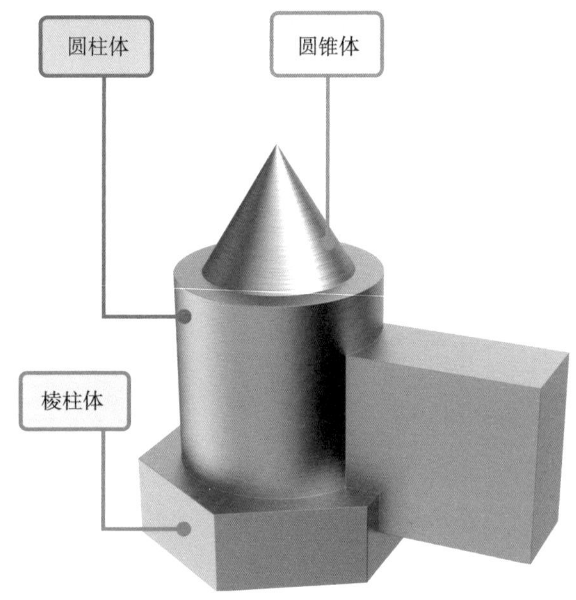

图 5-31 叠加组合体

2. 切割

对于由基本立体切割而形成的组合体，应先画出其切割前的完整物体，再逐步画出切割完之后的形体。

二、组合体两表面间的关系

两表面相切，相切处不画线；两表面相交，相交处画线。

当组成组合体的两立体表面相切时，相切处是光滑过渡，没有交线，因此投影中不应画出，如图 5-32 所示；当两立体表面相交时，表面交线必须画出，如图 5-33 所示。

不同形体的表面共面时无分界线，否则有交线，如图 5-34 所示。

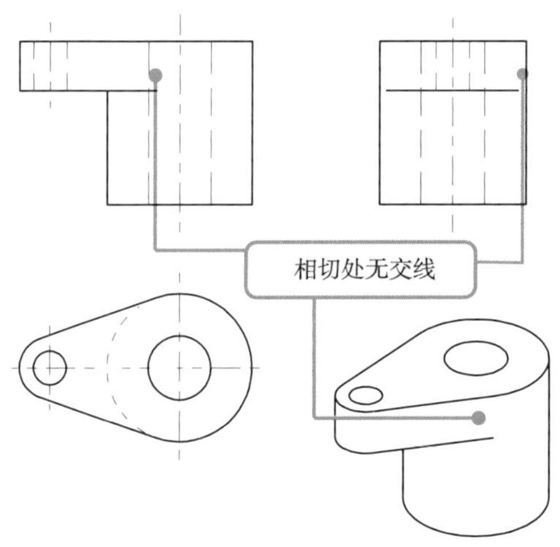

图 5-32　相切处不画线

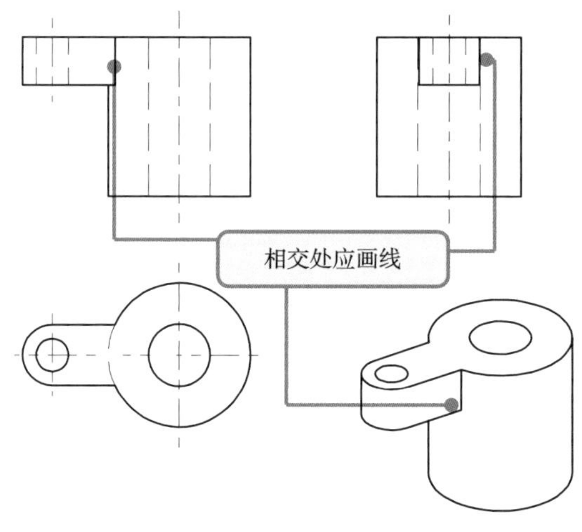

图 5-33 相交处应画线

三、举例

1. 分析方法

（1）形体分析法。

将组合体分解成若干部分，弄清各部分的形状、相对位置、组合方式及表面连接关系，然后分别画出各部分的投影。

（2）线面分析法。

分析组合体各表面及棱线、外形素线等与投影面的相对位置，以明确其投影特征；分析表面之间的连接关系及表面交线的形成和画法，以便于画图和读图。

（3）画图步骤：

A. 对组合体进行形体分解——分块；

B. 弄清各部分的形状及相对位置关系；

C. 按照各块的主次和相对位置关系，逐一画出它们的投影；

D. 分析并正确表示各部分形体之间的表面过渡关系；

E. 检查视图，加深可见轮廓线。

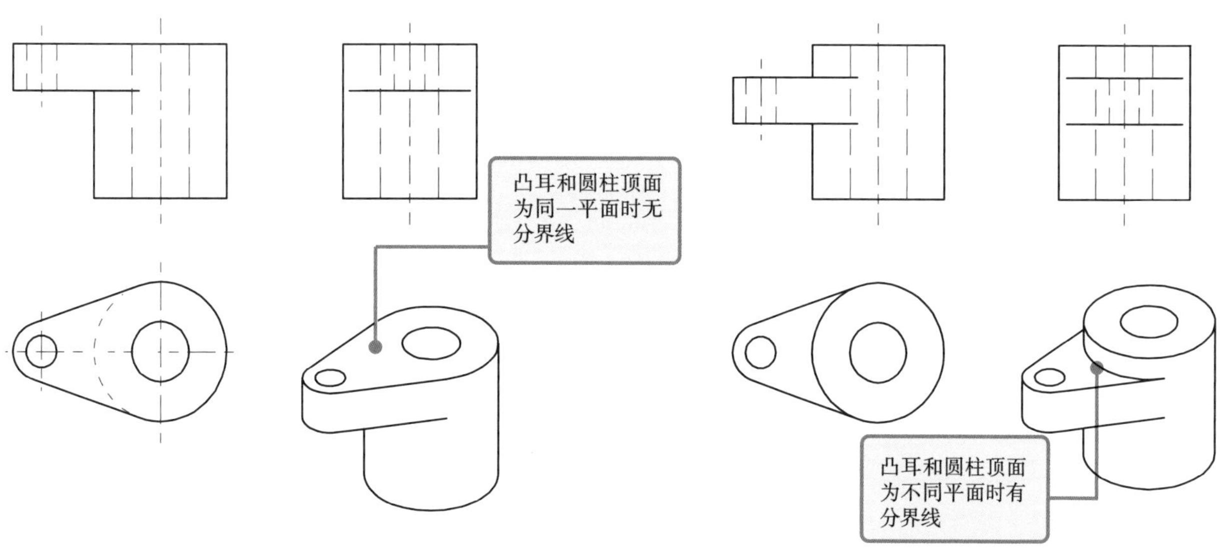

图 5-34 形体表面的分界线

2. 叠加组合体的画法

如图 5-35 所示，该产品由棱柱体和圆柱体以及圆锥体叠加组成。将其分解成简单的基本体，分析基本体的形状以及组合方式、相对位置，然后有步骤地画图，画图步骤如图 5-36 所示。

这种把复杂立体分解为若干个基本立体进行分析的方法称为形体分析法。形体分析法是组合体画图、读图和标注尺寸的主要方法。

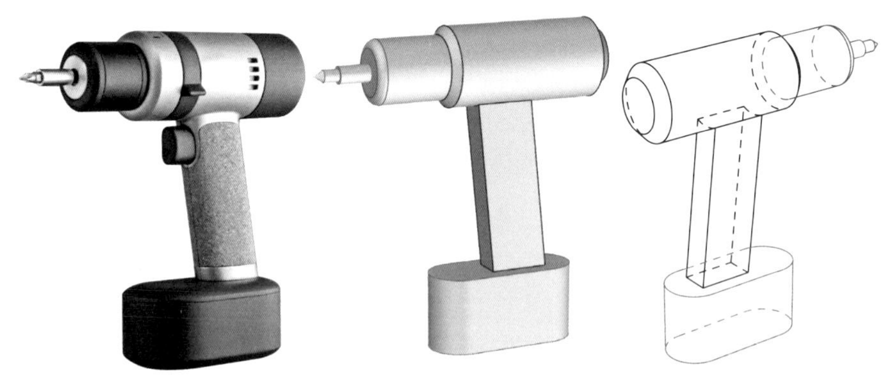

图 5-35 叠加组合体

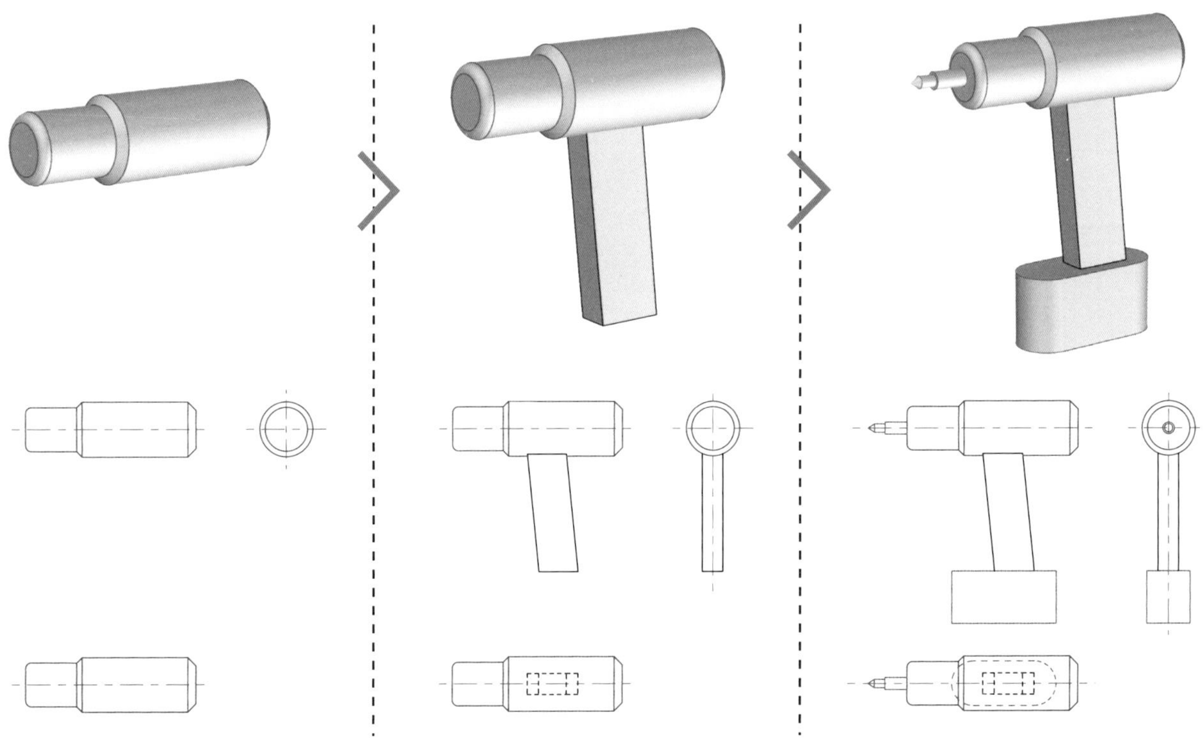

图 5-36 叠加组合体画法

3. 切割组合体的画法

如图 5-37 所示，该物体是由方体经过多次切割后得到的产品。

这种切割组合体是在画出组合体原形的基础上，按切去部分的位置和形状依次画出切割后的视图，画图步骤如图 5-38 所示。

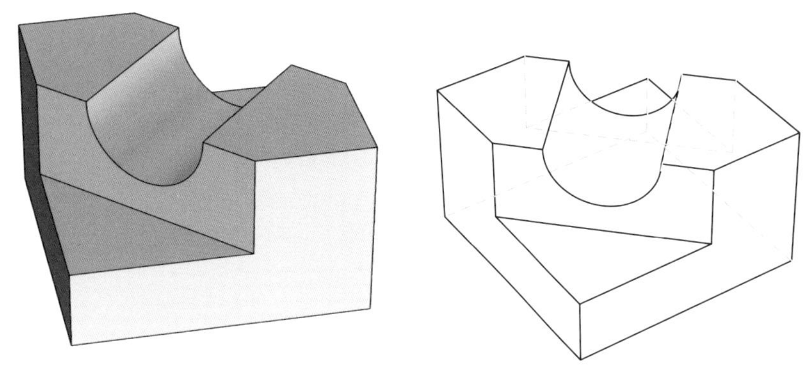

图 5-37 切割组合体

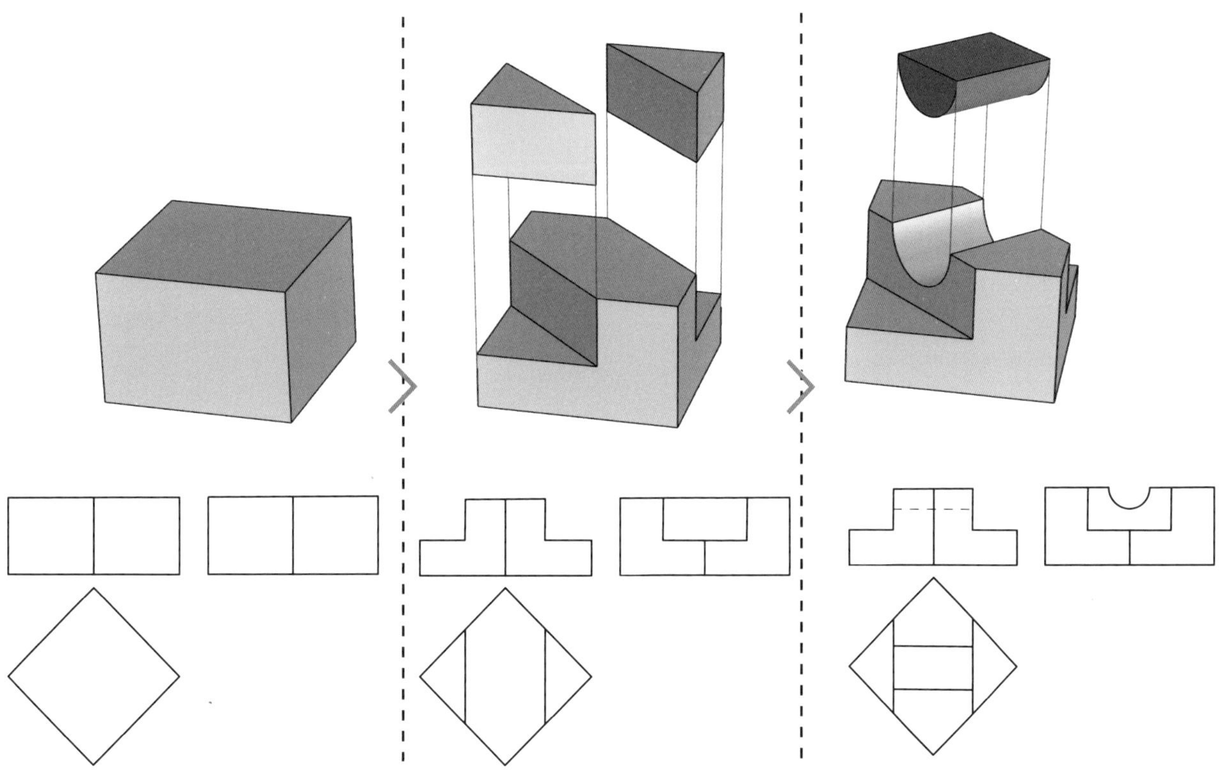

图 5-38 切割组合体画法

四、组合体的读图方法和步骤

1. 组合体的读图方法

（1）形体分析法。

A. 参照特征视图，分解形体。

B. 利用“三等”关系，找出每一个部分的三面投影，并想象出它们的形状，如图 5-39 所示。

C. 看视图——以主视图为主，再配合其他视图，对物体进行初步的投影分析和空间分析。

D. 抓特征——找出反映物体特征较多的视图，在较短的时间里，对物体有一个大概的了解。如图 5-40、图 5-41 所示的两个不同立体，其中两个视图相同，一个视图不同，不同的视图就是决定形状特征的视图。

（2）线面分析法。

A. 运用投影特征，分析线、线框含义。

线——交线、外形素线、积聚线；

线框——面（平面或曲面、两个或两个以上表面光滑连接的复合面）。

B. 运用投影特征，分析线、线框空间位置。

C. 最后综合想象整个组合体形状如图 5-42 所示。

2. 读图的步骤

（1）初步了解——形体分析法。

（2）投影分析——线面分析法。

（3）综合想象。

看懂每部分形体，分析各部分形体之间的组合方式（表面连接关系）和相对位置的关系，如图 5-43 所示。

对于一些较复杂的零件，特别是切割式组合体，需用线面分析法与形体分析法结合分析。

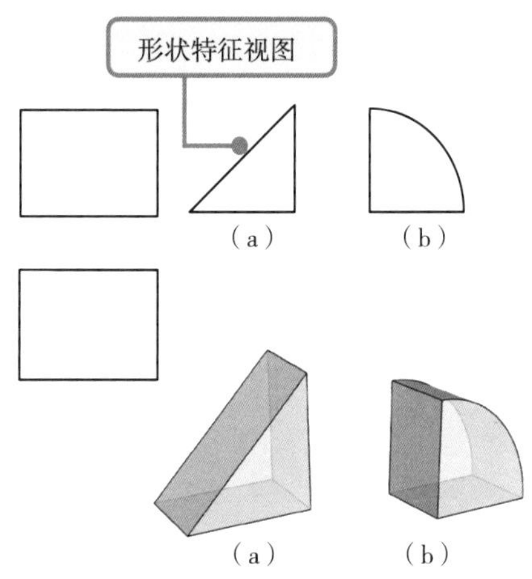

图 5-39 形体分析法（一）

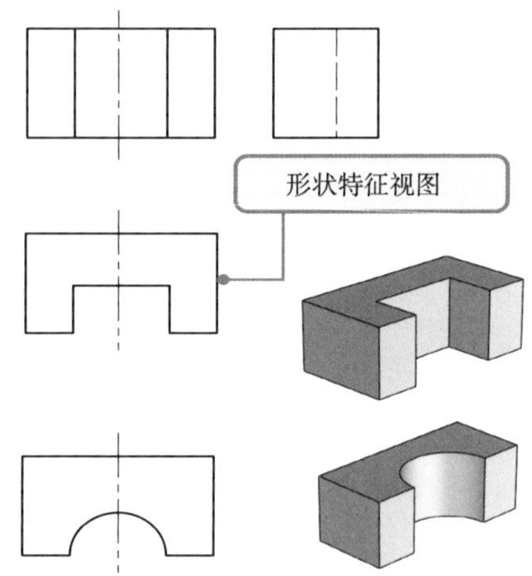

图 5-40 形体分析法（二）

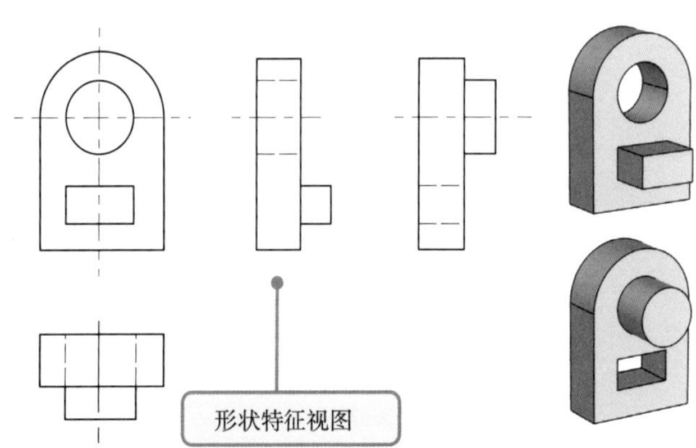

图 5-41 形体分析法（三）

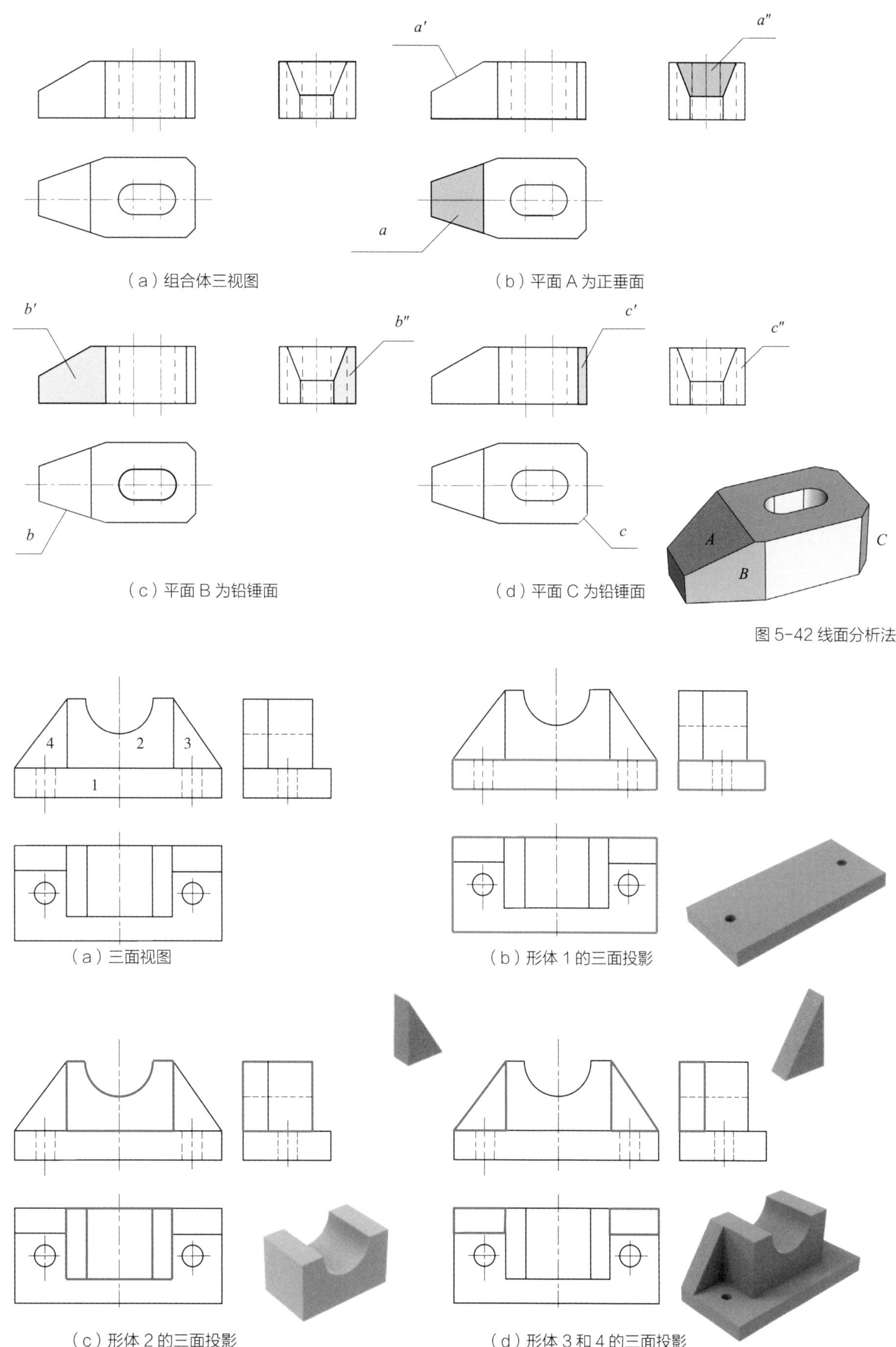

（a）组合体三视图
（b）平面 A 为正垂面
（c）平面 B 为铅锤面
（d）平面 C 为铅锤面

图 5-42 线面分析法

（a）三面视图
（b）形体 1 的三面投影
（c）形体 2 的三面投影
（d）形体 3 和 4 的三面投影

图 5-43 读图

绘图时应注意以下几点：

A. 为保证三视图之间相互对正，提高画图速度，减少差错，应尽可能把同一形体的三面投影联系起来作图，并依次完成各组成部分的三面投影，不要孤立地先完成一个视图，再画另一个视图。

B. 先画主要形体，后画次要形体；先画各形体的主要部分，后画次要部分；先画可见部分，后画不可见部分。

C. 应考虑到组合体是由各个部分组合起来的一个整体，因此作图时要正确处理各形体之间的表面连接关系。

五、组合体的尺寸标注

1. 标注规则

组合体的视图只能表达其形状，而组合体的大小以及组合体上各部分的相对位置，则要由视图上的尺寸来确定。

标注组合体尺寸的一般要求是：应符合国家标准；尺寸要完整；尺寸数字注写清晰，尺寸排列整齐。

2. 组合体的尺寸种类及标注法

组合体由基本立体组合而成。因此，在标注尺寸时也应用形体分析法标注出各基本立体的定形尺寸、定位尺寸及组合体的总体尺寸。

（1）定形尺寸：确定组合体上基本立体的尺寸。如图 5-44 中的“Φ9”为侧按钮的定形尺寸，“Φ16”为大按钮的定形尺寸。

（2）定位尺寸：确定组合体上基本立体位置的尺寸。标注各基本立体之间的定位尺寸时，首先要确定标注定位尺寸的基准，一个组合体应有长、宽、高三个方向的尺寸基准；常用的基准是平面和轴线，如图 5-44 所示，高的基准为产品的最底平面，长的基准为产品的对称轴线；图 5-44 中“21”为大按钮的定位尺寸，“43”和“47”为侧按钮的定位尺寸。

（3）总体尺寸：确定组合体总长、总宽、总高的尺寸。图 5-44 中“91”和“86”为产品的总体尺寸。

（4）标注的步骤：

（a）形体分析；（b）选择尺寸基准；（c）逐一标出基本形体的定形尺寸和定位尺寸；（d）标注出组合体的总体尺寸；（e）检查校核，如图 5-45 所示。

注意事项：尺寸排列应避免尺寸线和尺寸界线相交；并联尺寸，小尺寸在内，大尺寸在外；串联尺寸箭头对齐，排成一条直线。同轴的圆柱、圆锥的径向尺寸，一般标注在非圆视图上，圆弧半径应标注在投影为圆弧的视图上。

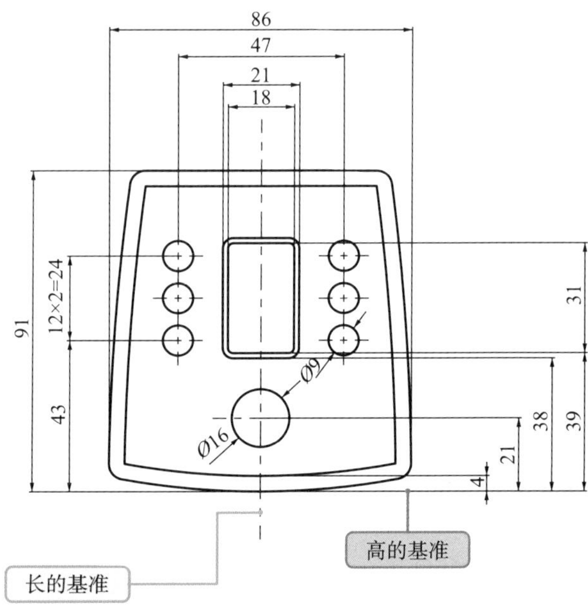

图 5-44 某产品的部分尺寸

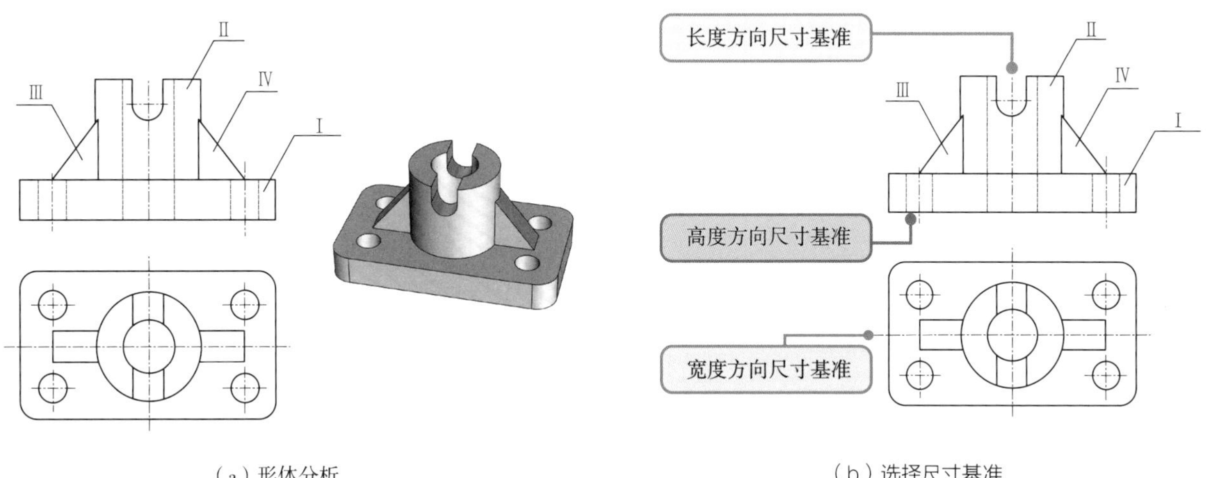

（a）形体分析　　（b）选择尺寸基准

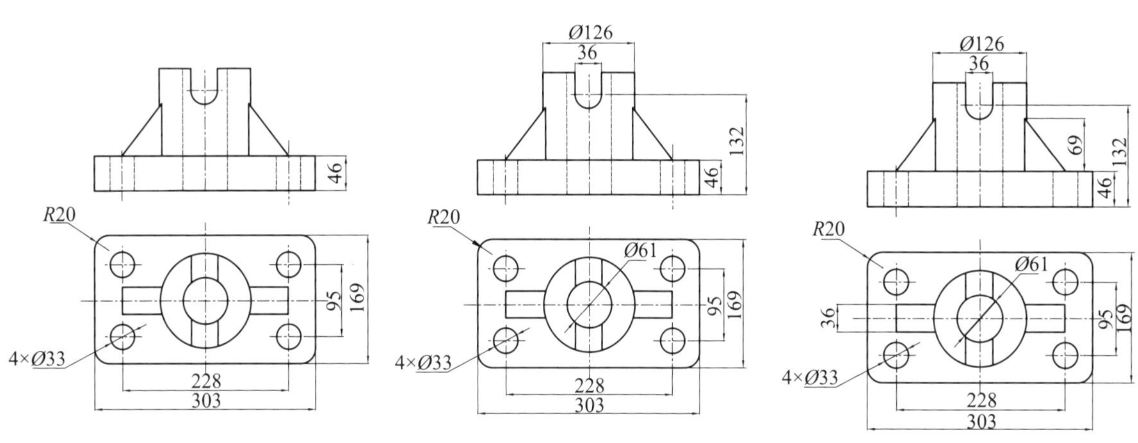

（c）逐一标注基本形体的定形、定位尺寸

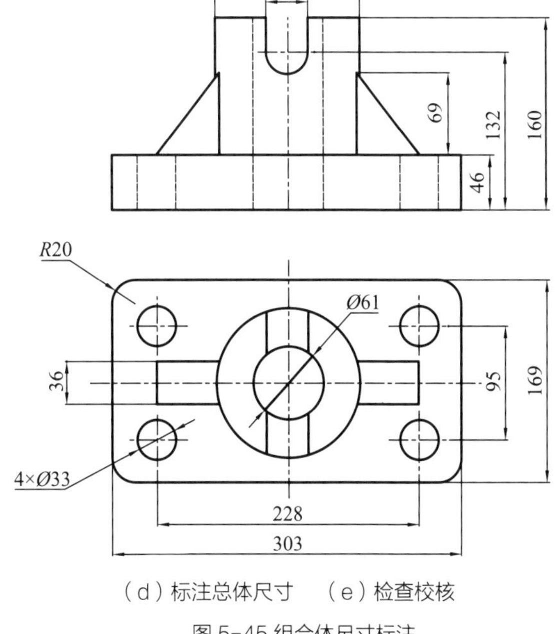

（d）标注总体尺寸　（e）检查校核

图 5-45 组合体尺寸标注

第三节 轴测图

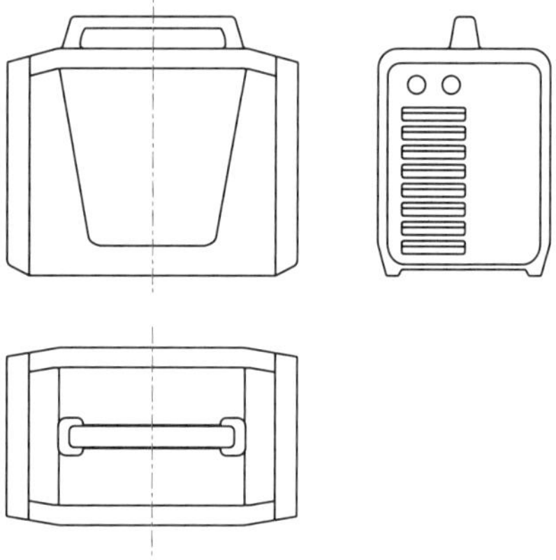

三视图是正投影法中的多面投影，能将物体各部分的形状完整、准确地表达出来，其特点是作图简便、度量性好，因此得到了广泛应用，如图 5-46 所示。但这种图缺乏立体感，必须通过学习图学知识、进行作图训练才能看懂。为此，工程上还常用一种富有立体感的轴测图来表达物体，以弥补多面投影图的不足。

图 5-46 产品三视图

一、轴测图基本知识

1. 轴测图的形成和投影特性

将物体和确定其空间位置的直角坐标系沿不平行于任一坐标面的方向，用平行投影法将其投射在单一投影面上所得的具有立体感的图形叫作轴测图。

在轴测投影中，投影面 P 称为轴测投影面，投射方向 S 称为轴测投射方向，如图 5-47 所示。

由于轴测图是用平行投影法得到的，因此具有下列投影特性：

（1）平行性：物体上互相平行的线段，在轴测图上仍然互相平行。

（2）相等性：空间平行于坐标轴的线段，其轴测投影的变化率与该坐标轴的变化率相等。

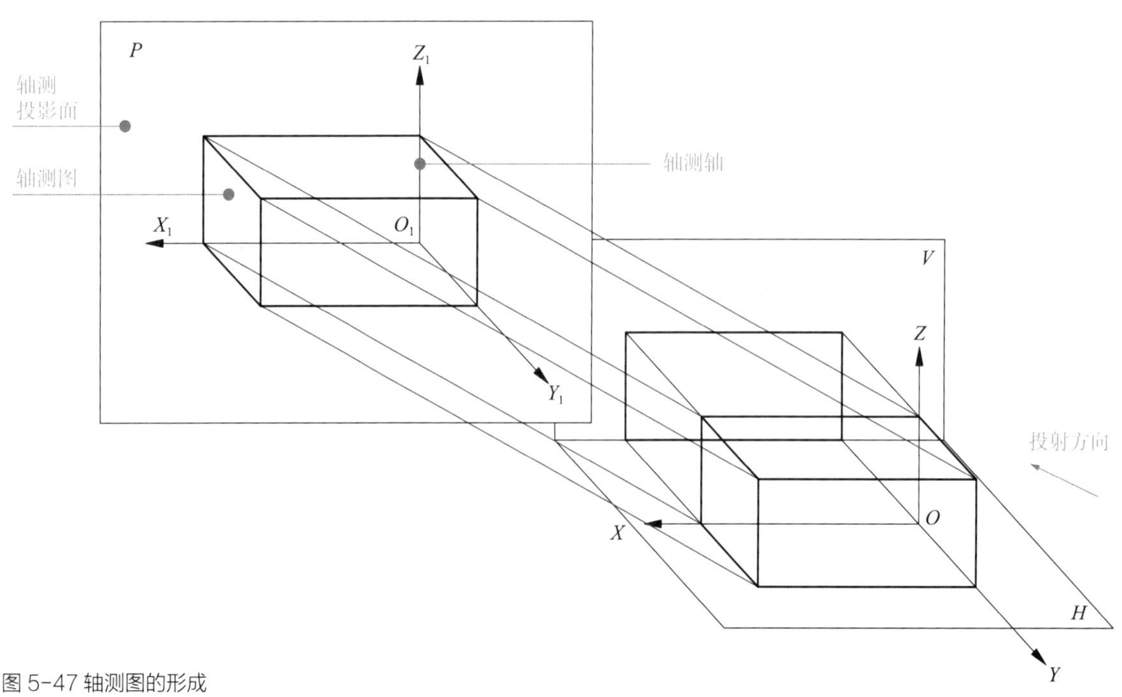

图 5-47 轴测图的形成

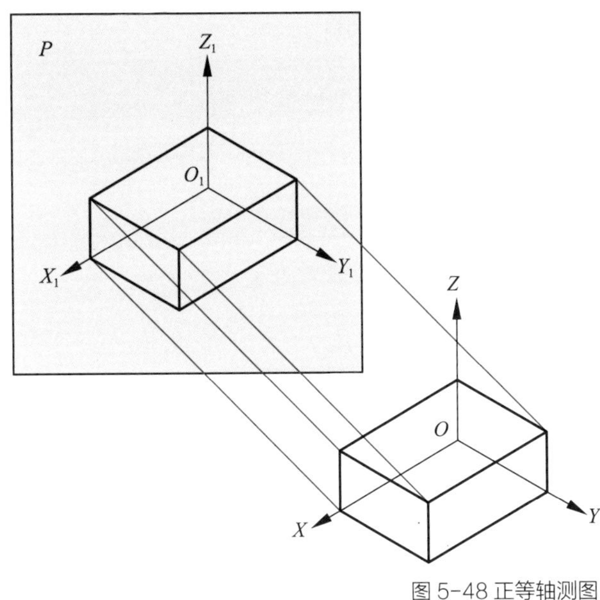

图 5-48 正等轴测图

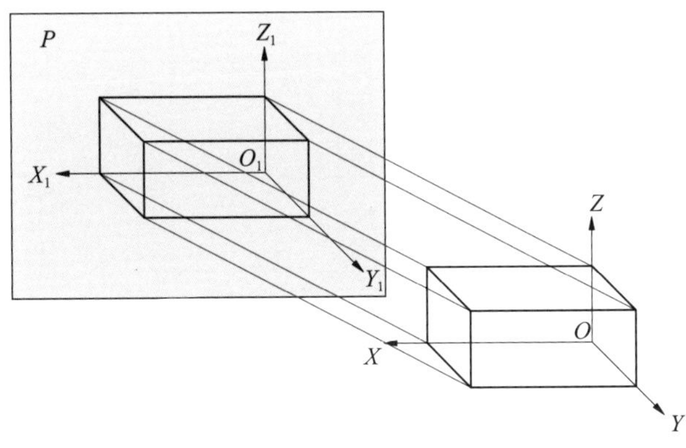

图 5-49 斜二等轴测图

2. 轴测投影的术语

（1）轴测轴：空间直角坐标轴 OX、OY、OZ 在轴测投影面上的投影 O_1X_1、O_1Y_1、O_1Z_1，如图 5-48 所示。

（2）轴间角：相邻两轴测轴之间的夹角，即角 $\angle X_1O_1Y_1$、$\angle X_1O_1Z_1$、$\angle Y_1O_1Z_1$，如图 5-48 所示。

（3）轴向伸缩系数：轴测轴上单位长度与相应空间直角坐标轴上单位长度之比。X、Y、Z 轴的轴向伸缩系数分别用 p、q、r 表示。

3. 轴测图形成及分类

投射方向垂直于轴测投影面——正轴测图。

投射方向倾斜于轴测投影面——斜轴测图。

为便于作图，正轴测图一般采用正等轴测图，斜轴测图一般采用斜二等轴测图。

（1）正等轴测图。

正等轴测图简称正等测图，是改变物体和投影面的相对位置，使物体的正面、顶面和侧面与投影面都处于倾斜位置，用正投影法得到的轴测图，且三个轴向伸缩系数都相等，即 $p=q=r$，如图 5-48 所示。

正等轴测图的优点：根据理论计算，其轴向伸缩系数 $p=q=r\approx 0.82$，为了便于作图，常采用 $p=q=r=1$，这样沿轴向的尺寸就可以直接量取物体实长。

（2）斜二等轴测图。

将形体放置成使它的一个坐标面平行于轴测投影面，用斜投影的方法向轴测投影面投影，得到的轴测图称为斜二等轴测图，简称斜二测，如图 5-49 所示。

斜二等轴测图的优点：正面形状能反映形体正面的真实形状，特别是当形体正面有圆或圆弧时，画图简单。

正等轴测图和斜二等轴测图的轴向伸缩系数与轴间角，如表 5-1 所示。

表 5-1 正等轴测图、斜二等轴测图轴向伸缩系数与轴间角

	正等轴测图	斜二等轴测图
投影特性	投射线相互平行且与轴测投影面垂直	投射线相互平行且与轴测投影面倾斜
轴向伸缩系数	$p=q=r=0.82$　简化系数 $p=q=r=1$	$p=r=1$，$q=0.5$
轴间角	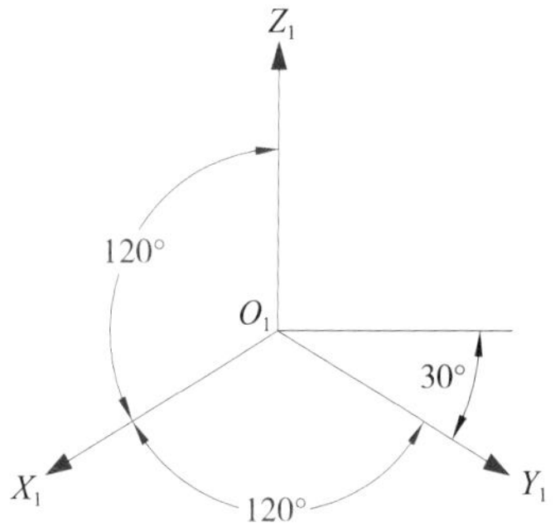 Z_1 O_1 X_1 Y_1 120° 120° 30°	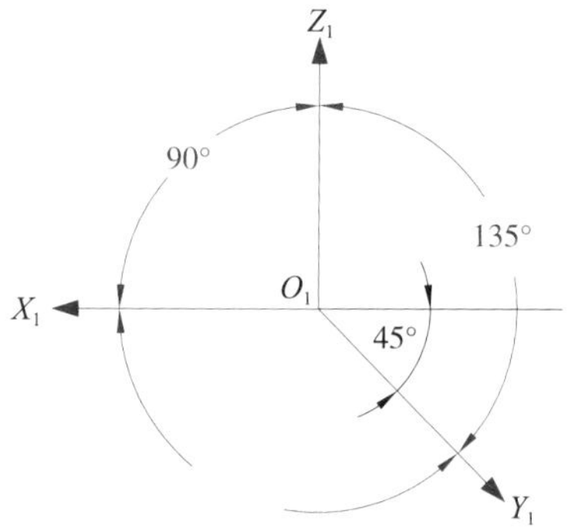 Z_1 O_1 X_1 Y_1 90° 135° 45°
图例	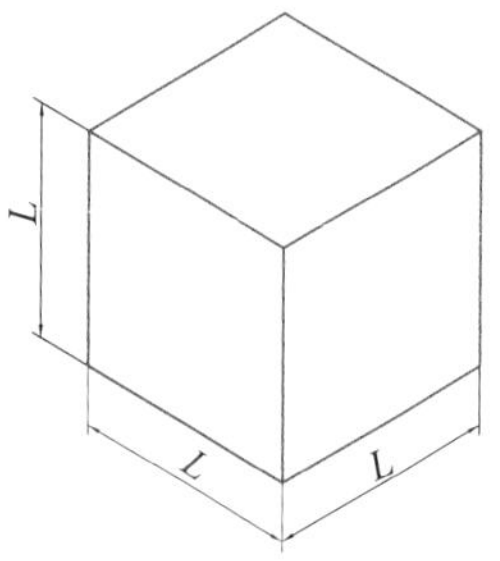 L L L	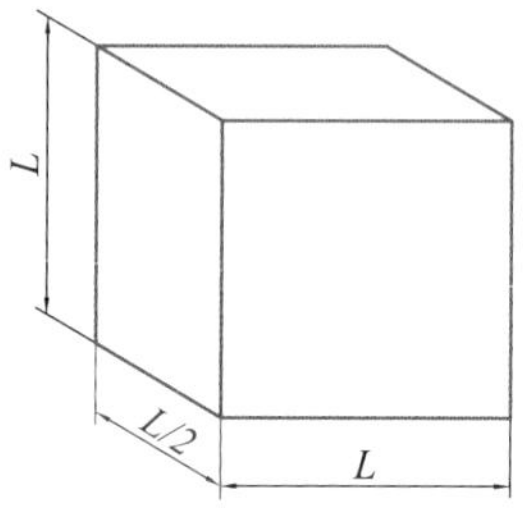 L L/2 L

二、正等轴测图的画法

1. 轴间角和轴向伸缩系数

正等轴测图的三个轴间角相等，均为120°，规定 Z 轴是铅垂方向，轴向伸缩系数采用 $p=q=r=1$，物体轴向的尺寸为实长。

2. 平面立体正等轴测图画法

坐标法是画轴测图的基本方法。所谓坐标法就是根据形体的形状特点选定适当的坐标轴，然后将形体上各点的坐标关系转移到轴测图上，以定出形体上各点的轴测投影，然后连成立体表面的轮廓线，从而作出形体的轴测图。

【例题 5-6】 如图 5-50 所示，已知四棱柱的三视图，求作其四棱柱的正等轴测图。

如图 5-51（a）所示定坐标轴：在三视图上标出 X、Y、Z 三个坐标轴并标出 4 个点，1 点在 X 轴上，2 点在 Y 轴上，3 点是过 1 点作 Y 轴平行线，过 2 点作 X 轴平行线的交点，4 点在 Z 轴上；如图 5-51（b）所示作轴测轴：Z 轴铅垂向上三个轴间角均为 120°；如图 5-51（c）所示取长方体长度、宽度：在三视图上量取 1 点的 X 值，在 X 轴上画出 1 点；量取 2 点的 Y 值，在 Y 轴上画出 2 点，并连线求出 3 点；如图 5-51（d）所示取长方体高度：在三视图上量取 4 点的 Z 值，过 1、2、3、O 点画出四条平行棱线即长方体的高；如图 5-51（e）所示连起长方体的顶面并描深看得见的轮廓线；如图 5-51（f）所示擦除坐标系和不可见轮廓线，完成四棱柱的正等轴测图绘制。

三棱锥的正等轴测图绘制方法，如表 5-2 所示。

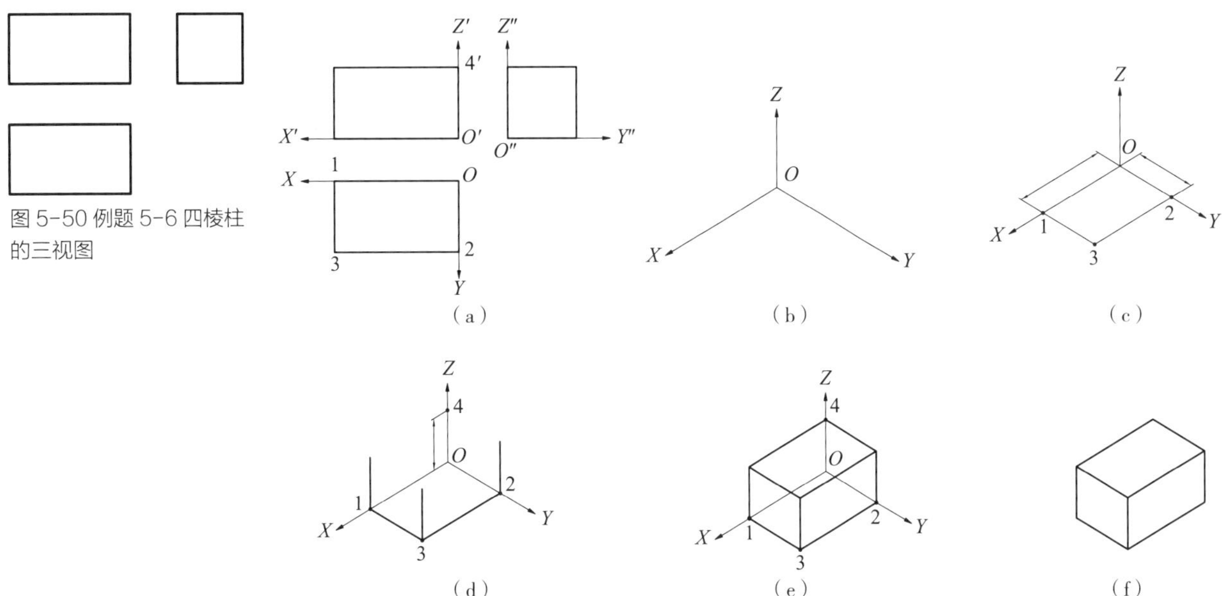

图 5-50 例题 5-6 四棱柱的三视图

图 5-51 长方体正等测图的作图步骤

表 5-2 三棱锥正等轴测图画法

图例	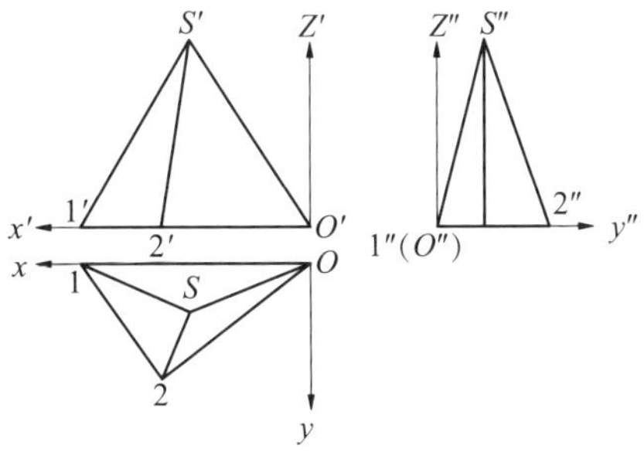	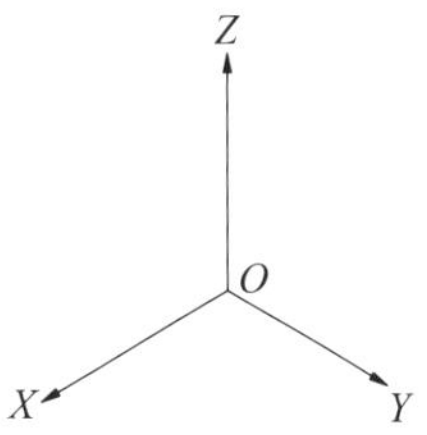	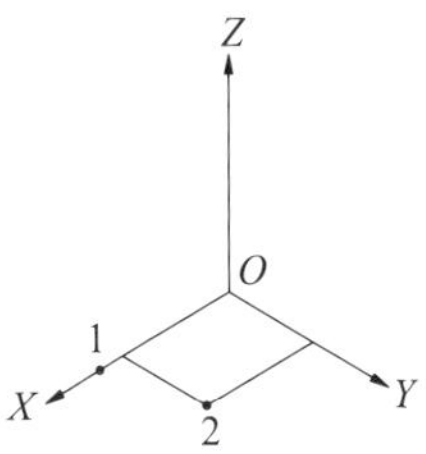
说明	定坐标轴：底面三角形的一个顶点为坐标原点，1 点在 *X* 轴上，2 点在 *XOY* 平面上，*S* 为锥顶	作轴测轴	画出棱锥底面三角形顶点 1、2
图例	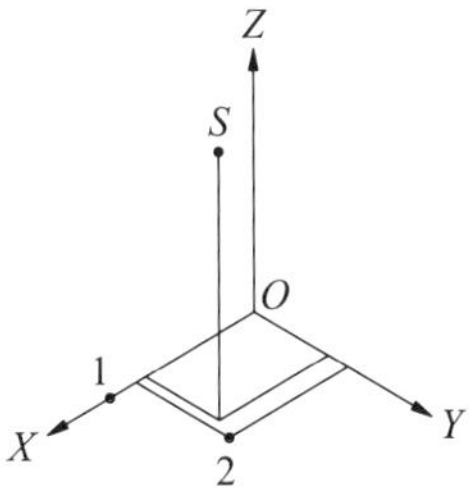	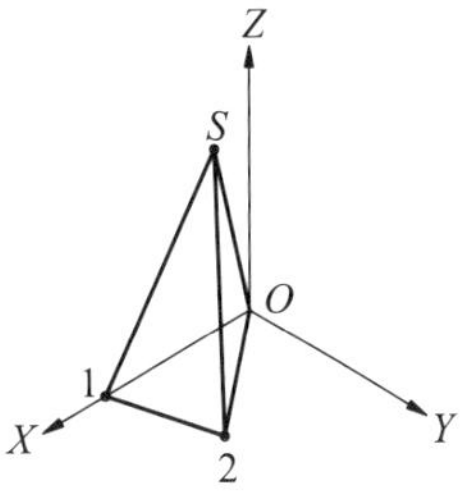	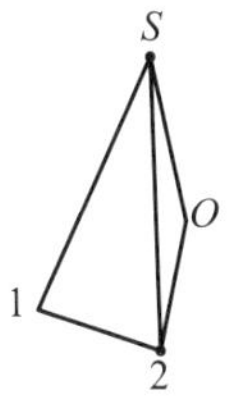
说明	量取 *S* 在点 *X*、*Y*、*Z* 上的值，画出 *S* 点	连线并描深可见轮廓线	擦除坐标系和不可见轮廓线

切割基本体和叠加基本体正等轴测图画法主要有切割法和叠加法。

切割法是对于某些以切割为主的立体，可先画出其切割前的完整形体，再按形体形成的过程逐一切割而得到立体轴测图的方法。

叠加法是对于某些以叠加为主的立体，可按形体形成的过程逐一叠加从而得到立体轴测图的方法。

实际上，大多数立体既有切割又有叠加，作图时切割法和叠加法总是交叉使用。

切割法：

【例题 5-7】：如图 5-52 所示，已知三视图，画形体的正等测图。

步骤如图 5-53 所示：（a）定坐标轴；（b）作轴测轴；（c）画长方体；（d）切角；（e）加深轮廓；（f）擦除坐标系和不可见轮廓线。

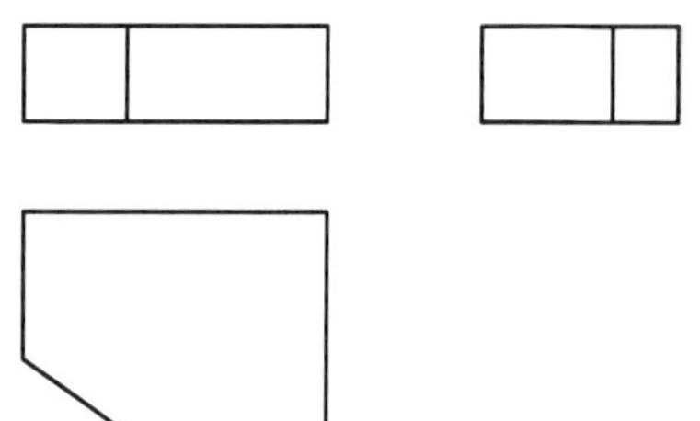

图 5-52 例题 5-7 切割体三视图

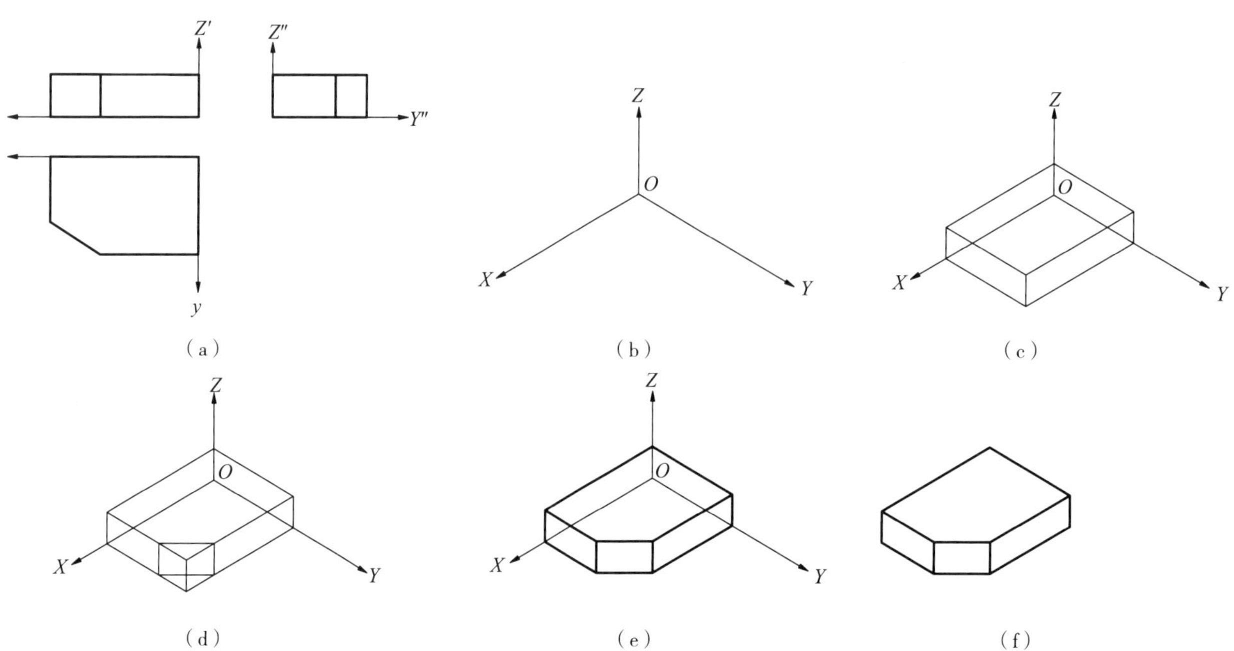

图 5-53 切割法作正等轴测图

叠加法：

【例题 5-8】如图 5-54 所示，已知三视图，画形体的正等测图。

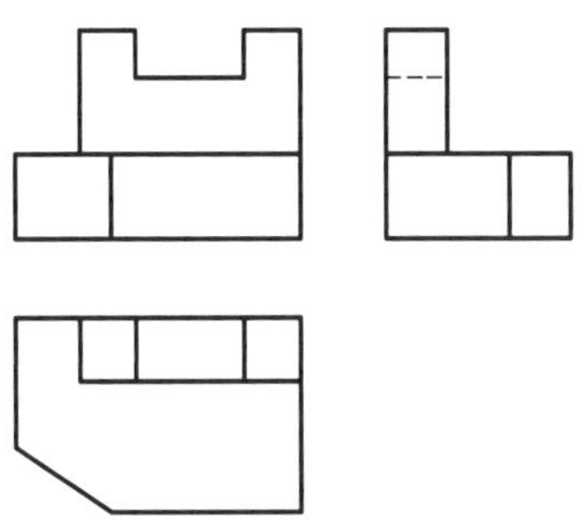

图 5-54 例题 5-8 叠加形体三视图

分析：本例题是图 5-53 的基础上叠加一个切割基本体，所以在原有的基本体基础上先画出其切割前的完整形体——长方体，再对形体进行逐一切割。

步骤如图 5-55 所示：（a）定坐标轴；（b）在原有的基本体基础上画长方体；（c）开槽；（d）加深轮廓并擦除坐标系和不可见轮廓线。

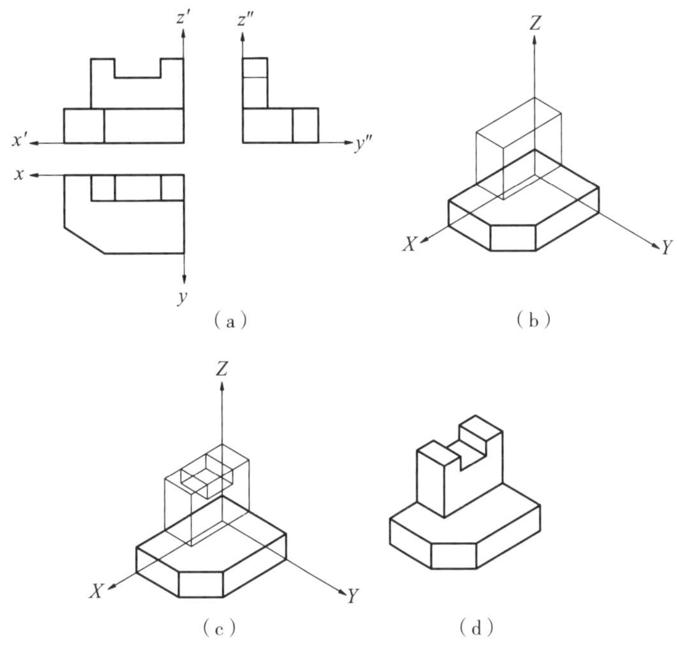

图 5-55 叠加法作正等轴测图

3. 回转体的正等轴测图

作回转体的正等轴测图，关键在于画出立体表面上圆的轴测投影，这里主要介绍平行于各坐标面的圆在轴测图上的画法。

（1）平行于坐标面圆的正等轴测投影。

假设在正立方体的三个面上，各有一个直径为 d 的内切圆，如图 5-56 所示。这三个圆都和轴测投影面倾斜相同的角度，因此各圆的正等测投影均为形状相同的椭圆，并且也都内切于三个相同的菱形。

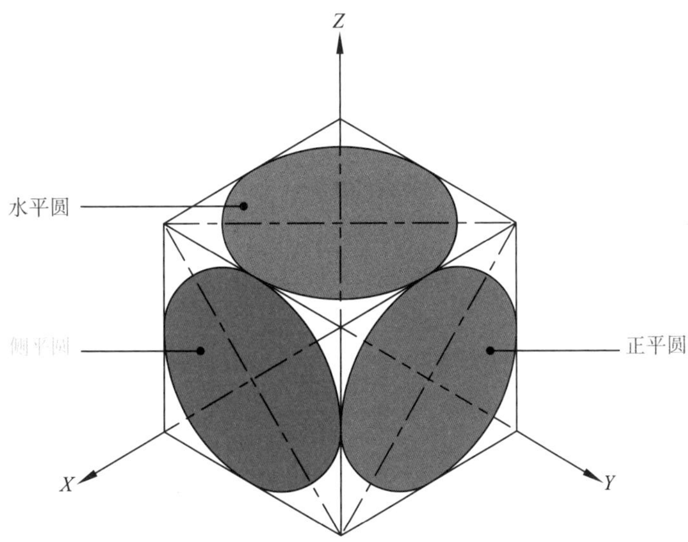

图 5-56 平行于三个坐标面的圆

圆的正等轴测投影采用平行四边形法，即用四段圆弧近似代替椭圆弧，不论圆平行于哪个投影面，其轴测投影的画法均相同。三个平行于坐标面圆的正等轴测投影，如表 5-3 所示。

步骤如下：

（1）画圆的外切正方形。先确定原点与坐标轴，然后作圆的外切正方形，切点为 a、b、c、d，如表 5-3（a）所示。

（2）画圆的外切菱形。作轴测轴和切点 a_1、b_1、c_1、d_1，通过切点作外切正方形的轴测投影，即得菱形。菱形的对角线即为椭圆长、短轴的位置，如表 5-3（b）所示。

（3）确定四个圆心。连接 O_3b_1、O_3c_1 与长轴相交，得圆心 O_2、O_4，如表 5-3（c）所示。

（4）分别画出四段彼此相切的圆弧。以 O_1、O_3 为圆心，O_1a_1 为半径，作圆弧 a_1d_1、c_1b_1；以 O_2、O_4 为圆心，O_2a_1 为半径，作圆弧 a_1b_1、c_1d_1，连成近似椭圆，如表 5-3（d）所示。

表 5-3 平行四边形法的近似椭圆画法

	画圆的外切正方形	画圆的外切菱形	确定四个圆心和半径	分别画出四段彼此相切的圆弧
水平圆	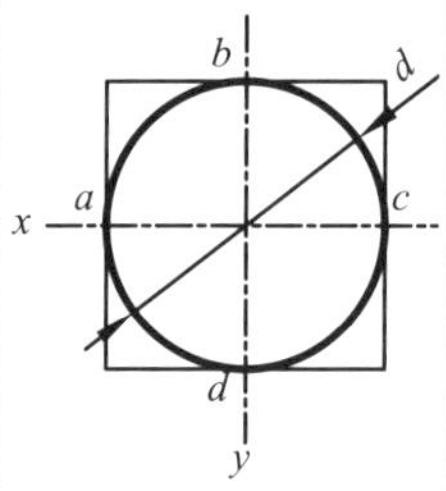 （a）	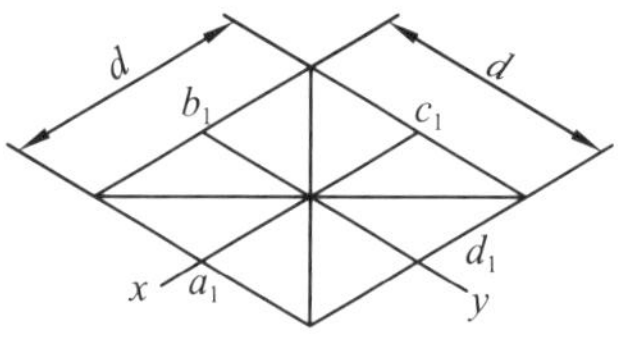 （b）	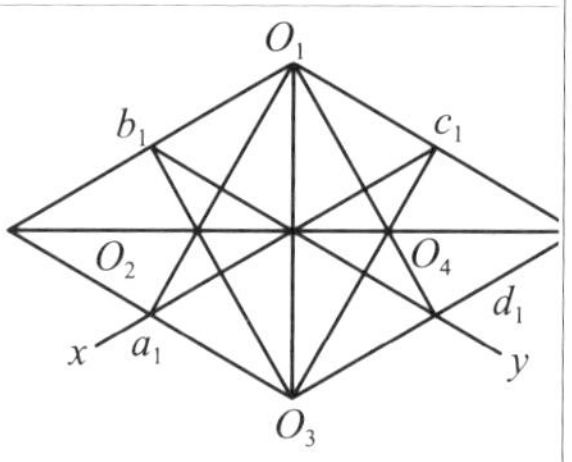 （c）	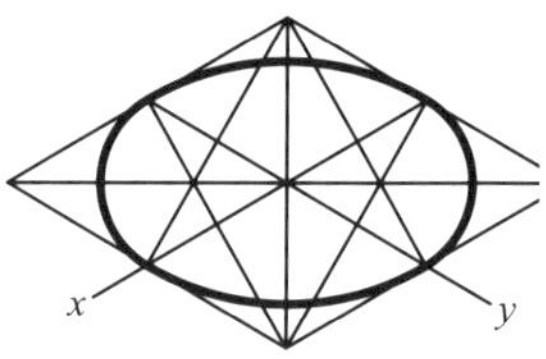 （d）
正平圆	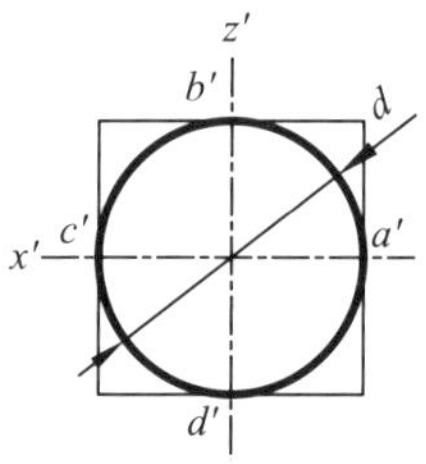 （a）	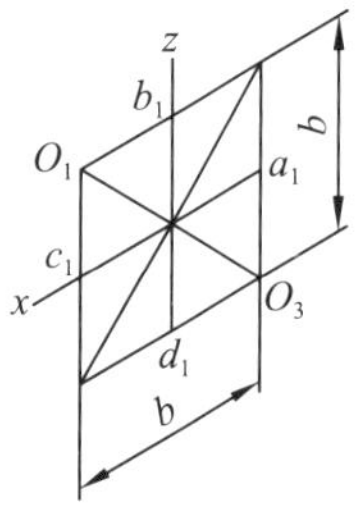 （b）	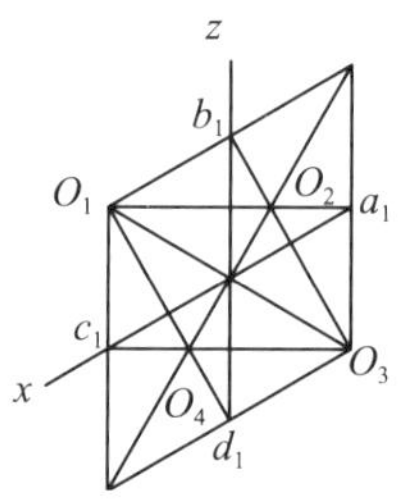 （c）	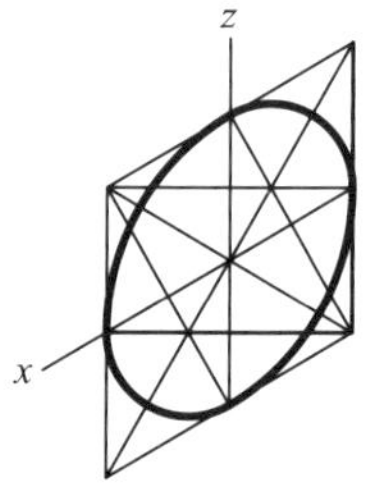 （d）
侧平圆	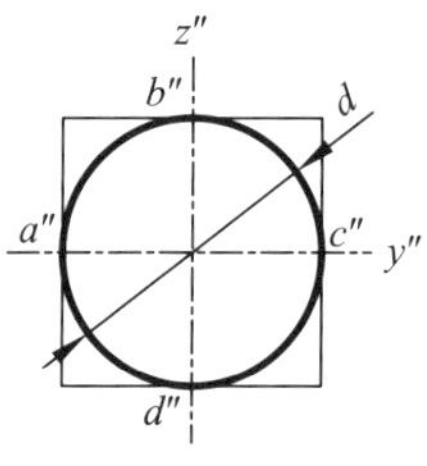 （a）	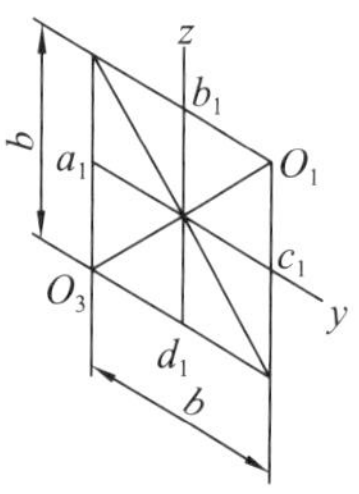 （b）	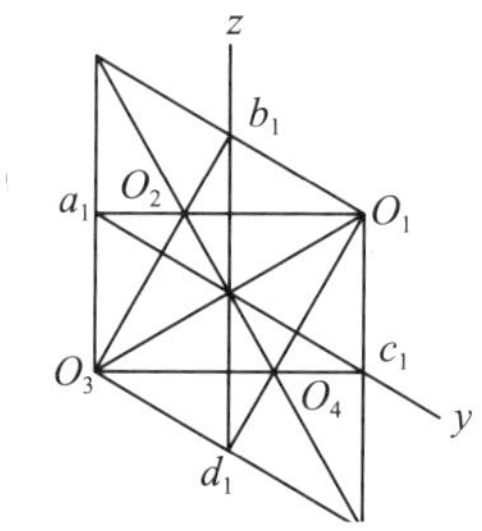 （c）	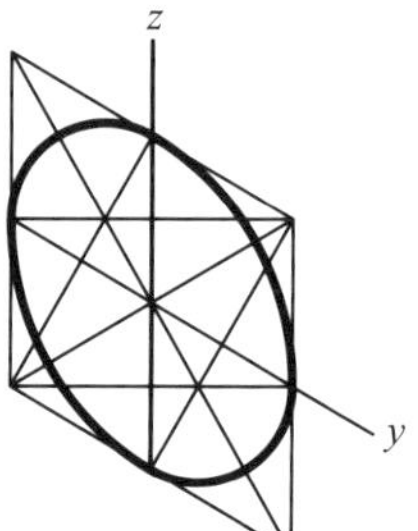 （d）

（2）回转体的正等轴测图的画法。

画回转体的正等轴测图，只要先画出底面和顶面圆的正等轴测图——椭圆，然后作出两椭圆的公切线即可，如表 5-4 所示。

（3）圆角的正等测图画法。

【例题 5-9】：画出如图 5-57 所示的直角支板的正等轴测图。

分析：圆角为正平圆的一部分，左侧圆角为四段圆弧中的长圆弧，右侧圆角为四段圆弧中的短圆弧，作图步骤如下：

截取 $A_1B_2=A_1A_2=D_1C_2=D_1D_2=$ 圆角直径 $2R$，$A_1B_1=D_1C_1=$ 圆角半径 R；

分别过 A_2、B_2、C_2、D_2 作垂线，求得交点 O_1、O_2；

以 O_1 为圆心，O_1B_1 为半径画圆弧左侧前端圆角，效果如图 5-58（a）所示；

连接 O_2D_1 和 D_2C_1 交点为 O_3，以 O_3 为圆心，O_3C_1 为半径画圆弧右侧前端圆角，效果如图 5-58（a）所示；

画后端面的圆弧，如图 5-58（b）所示；

作公切线并加深，如图 5-58（c）所示。

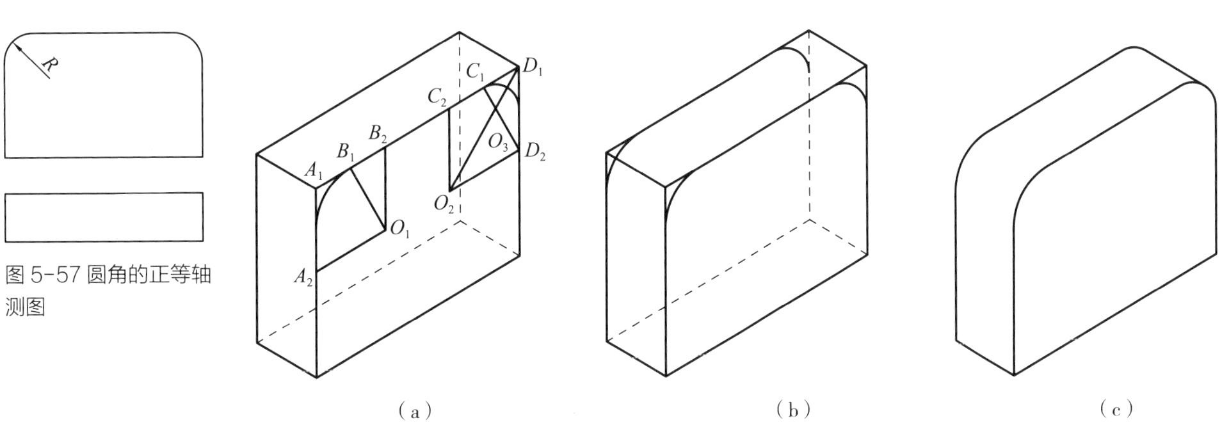

图 5-57 圆角的正等轴测图

图 5-58 圆角的正等轴测图画法

表 5-4 圆柱体和圆锥体正等轴测图画法

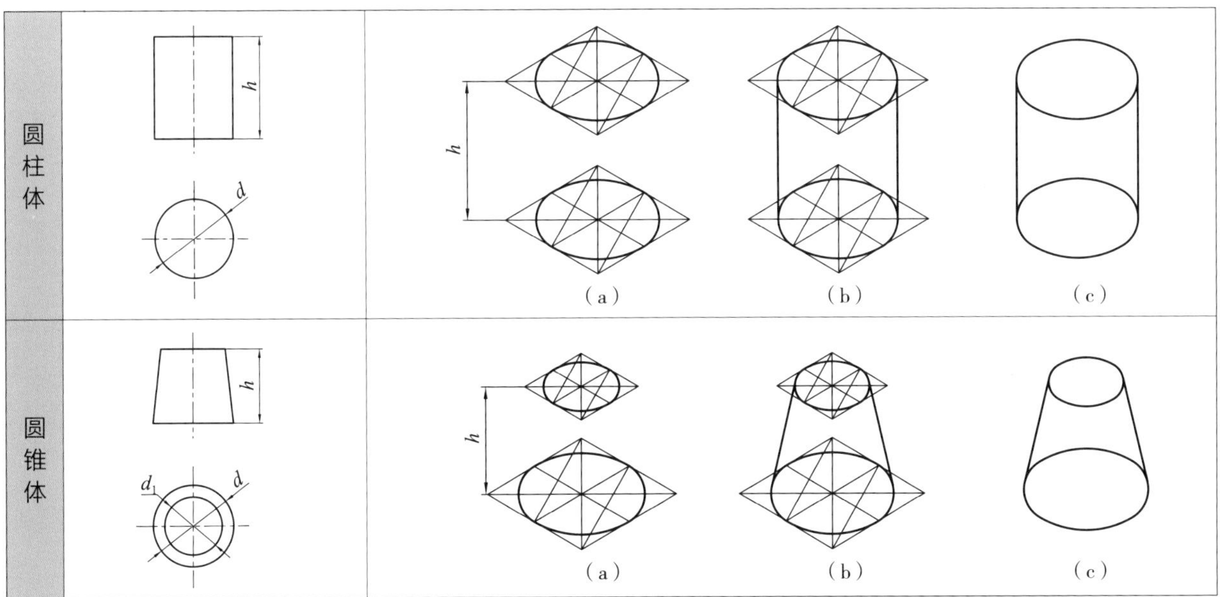

（4）切割圆柱体正等测图画法

【例题 5-10】：如图 5-59（a）所示，已知切割圆柱的主、俯视图，作出其正等轴测图。

用平行四边形法画出顶圆的轴测投影——椭圆，将该椭圆沿 Z 轴向下平移 h，即得底圆的轴测投影；将半个椭圆沿 Z 轴向下平移 h_1，即得切口的轴测投影，如图 5-59（b）所示。

作椭圆的公切线、截交线，擦去不可见部分，加深后即完成作图，如图 5-59（c）所示。

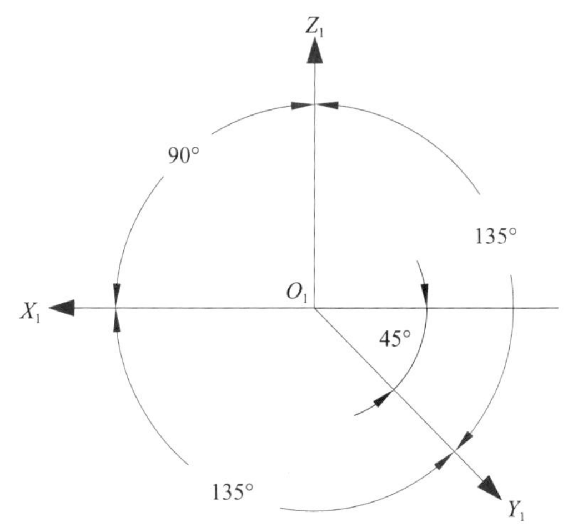

图 5-60 斜二等轴测图轴间角

三、斜二等轴测图的画法

1. 轴间角和轴向伸缩系数

斜二等轴测图（简称斜二测）的轴间角：$\angle X_1O_1Z_1=90°$ 、$\angle X_1O_1Y_1=\angle Y_1O_1Z_1=135°$ 如图 5-60 所示，轴向变化率为 $p=r=1$，$q=0.5$ 所以正面形状能反映形体的真实形状。

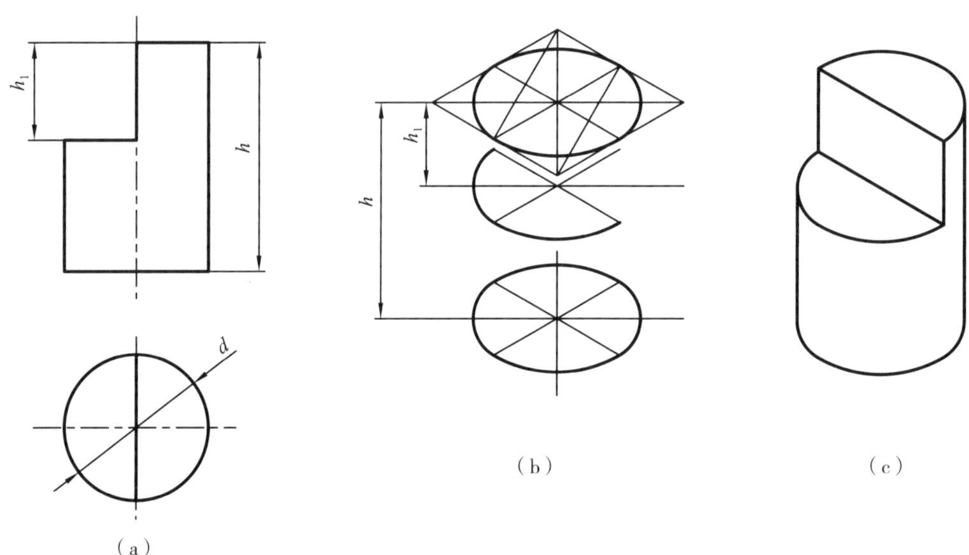

图 5-59 切割圆柱的正等轴测图画法

2. 斜二测图画法

（1）轴向变化率 $p=r=1$，所以 X、Z 值 1 ∶ 1 量取，平行于 V 面图形，反映实形。

（2）轴向变化率 $q=0.5$，所以 Y 值减少一半。

【例题 5-11】如图 5-61（a）所示，已知三视图，画斜二测图。

（1）定坐标轴，如图 5-61（b）所示；

（2）画下面长方体，长度 X 值和高度 Z 值为 1 ∶ 1 在三视图中量取，宽度 Y 值为测量值的一半，如图 5-61（c）所示；

（3）切角，如图 5-61（d）所示；

（4）画上面长方体，如图 5-61（e）所示；

（5）开槽，如图 5-61（f）所示；

（6）加深轮廓并擦除坐标系和不可见轮廓线，如图 5-61（g）所示。

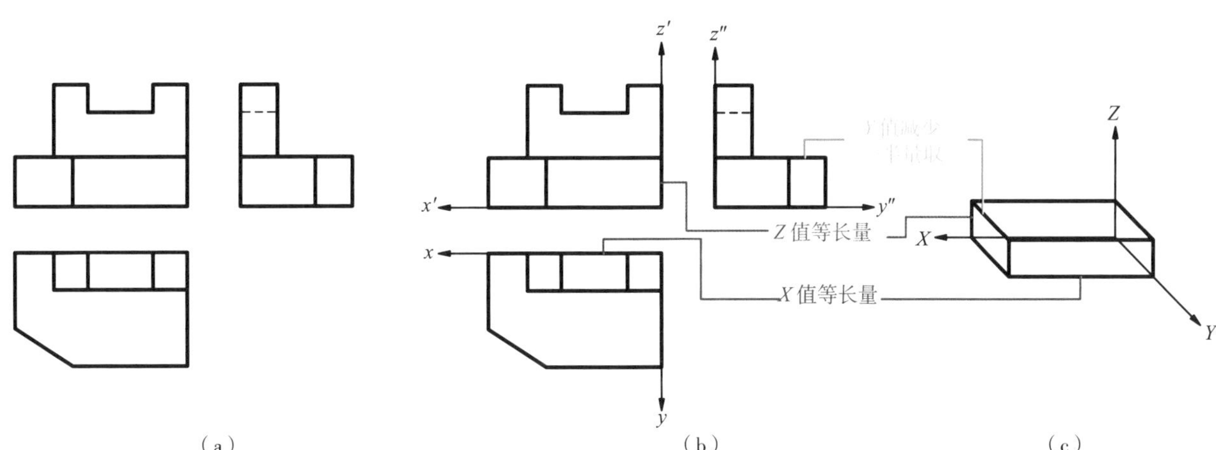

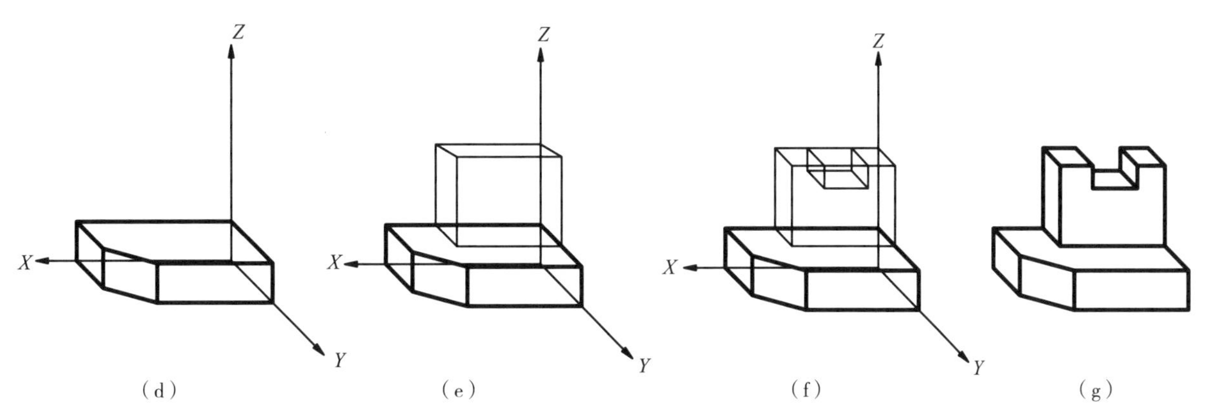

图 5-61 斜二测图画法

思考与练习

1. 试述五棱柱被各种位置平面截切后的截交线变化。

2. 试述圆锥被各种位置平面截切后的截交线变化。

3. 组合体有几种组合方式？举例说明组合体上各形体之间的表面关系。

4. 组合体的尺寸标注包括什么？试述组合体尺寸标注的步骤。

5. 正等轴测图和斜二等轴测图轴向伸缩系数分别是多少？试述两种轴测图的作图步骤。

6. 完成下面截断体投影码 5-1-1。

7. 已知两个视图，补画第三视图，注意相贯线的绘制码 5-1-2。

8. 已知组合体两个视图，补画第三视图码 5-1-3。

9. 组合体尺寸标注，在图上按 1 ：1 比例量取尺寸并取整标注码 5-1-4。

10. 根据三视图分别绘制正等轴测图和斜二等轴测图码 5-1-5。

11. 根据所给组合体的主视图，构想两种不同的组合体画其俯、左视图并根据所画三视图绘制轴侧图码 5-1-6。

码 5-1 思考与练习

CHAPTER 6

第六章

绘制产品图样

相关知识点

1. 产品基本视图
2. 剖视图
3. 断面图
4. 局部放大图
5. 简化画法
6. 常用连接件的画法
7. 零件图与装配图

能力目标

1. 能够灵活应用所学知识表达物体，做到图形简单易画，视图正确、完整、清晰，不断提高绘图和读图能力。能正确选用剖视图表达产品内部结构。

2. 掌握零件图和装配图的作用与内容，常用连接件的画法。

育人目标

1. 了解物体表达方法的多样性，严格按照表达方法要求进行绘图，严格遵守各种标准规定。

2. 理解零件加工精度与生产成本间的关系，把握技术要求的适度性；增强文化传承的自觉性与使命感；认识到成本控制和图纸管理对企业发展的重要性，树立正确的职业道德观。

国家标准《技术制图 简化表示法 第1部分：图样画法》（GB/T 16675.1-2012）中规定了各种表达产品内、外结构的方法，如图 6-1 所示：

表达方式的选择，优先考虑便于看图。根据产品本身的结构特点，选用适当的表示方法，在完整、清晰地表示产品形状的前提下，力求绘图简便。

第一节 产品基本视图

视图就是物体在基本投影面上的投影所得到的图形。视图主要用于表达形体的外部结构和形状，一般只需绘制形体的可见部分（必要时也可用虚线表达不可见部分）。视图有基本视图、向视图、局部视图和斜视图等不同的形式。

一、基本视图

1. 基本视图的概念

产品放置在一个正六面体中，用第一角投影法，分别向正六面体的六个面投影，如图 6-2 所示，这六个投影面称为基本投影面。基本视图是物体向基本投影面投射所得的视图。

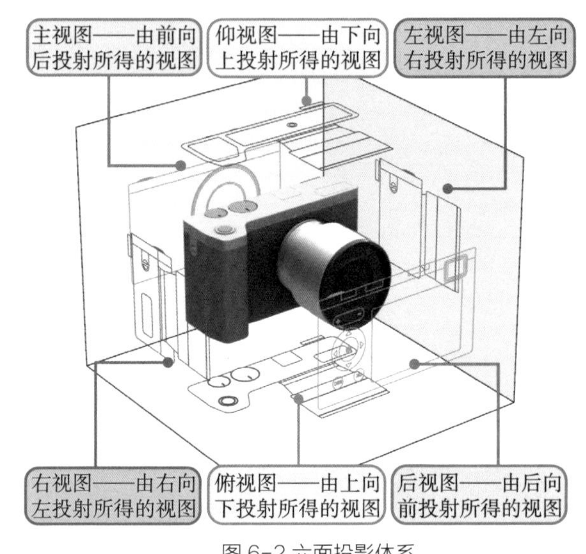

图 6-2 六面投影体系

基本视图除主视图、俯视图和左视图外，其余三个视图的名称分别为：

后视图——由后向前投射所得的视图；

仰视图——由下向上投射所得的视图；

右视图——由右向左投射所得的视图。

2. 六视图的展开

将六个投影平面按图 6-3 所示展开，展开后基本视图的配置，如图 6-4（a）所示。

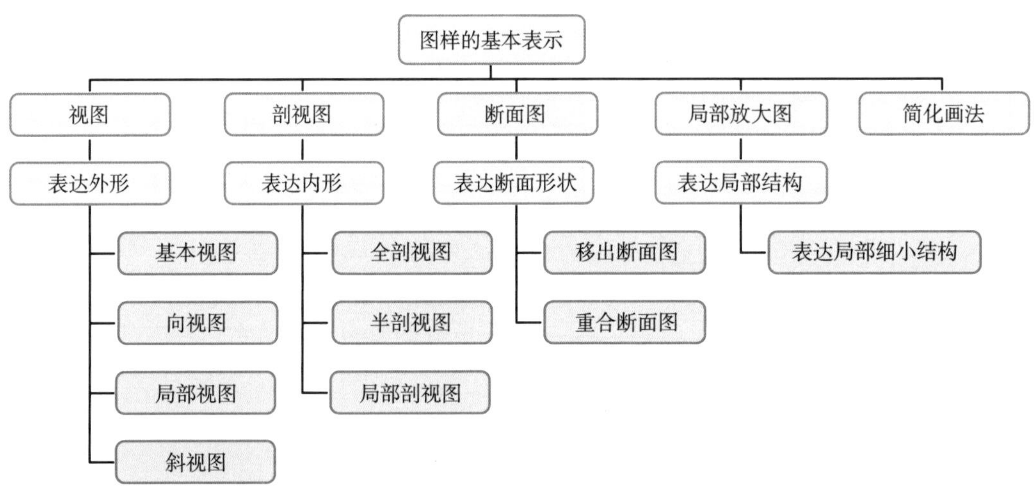

图 6-1

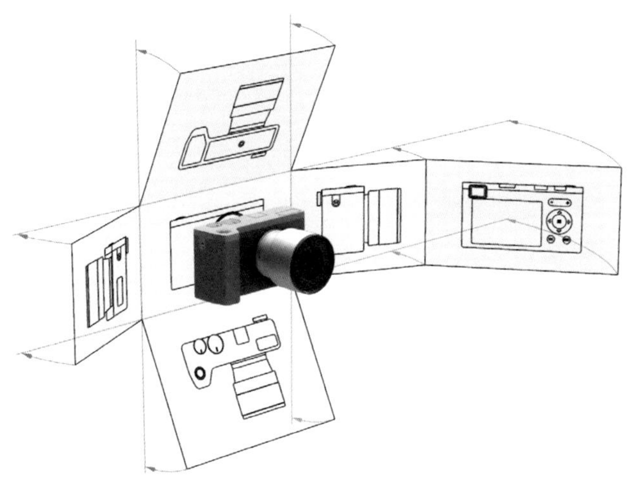

图 6-3 基本视图的展开

3. 六视图的对应关系

投影面展开后，各视图间仍保持“长对正、高平齐、宽相等”的投影规律。

六个基本视图如按图 6-4（b）位置配置可不标注视图名称。

绘制图时，应根据产品的形状、结构特点和复杂程度，在清楚表达产品形状的前提下尽量减少视图的数量。在选择视图时，一般要优先选用主、俯、左三个基本视图。

4. 第三角投影

V、*H* 两个投影面将空间分成四个区域，每个区域成为一个分角。如图 6-5（a）所示，第三分角展开方法如图 6-5（b）所示，展开后的基本视图如图 6-5（c）所示。

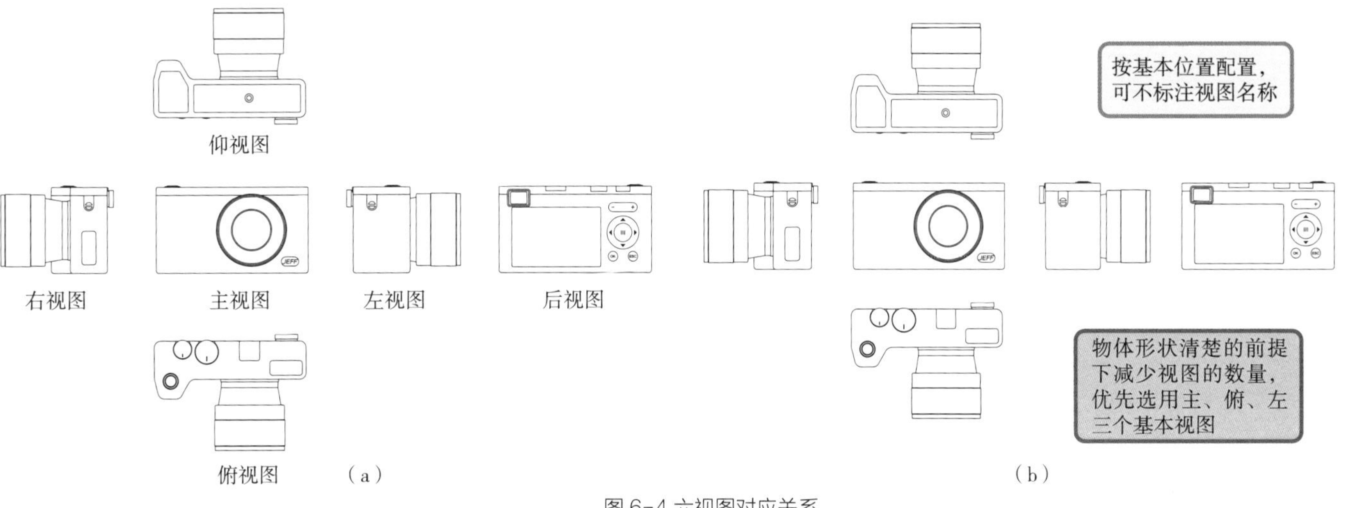

图 6-4 六视图对应关系

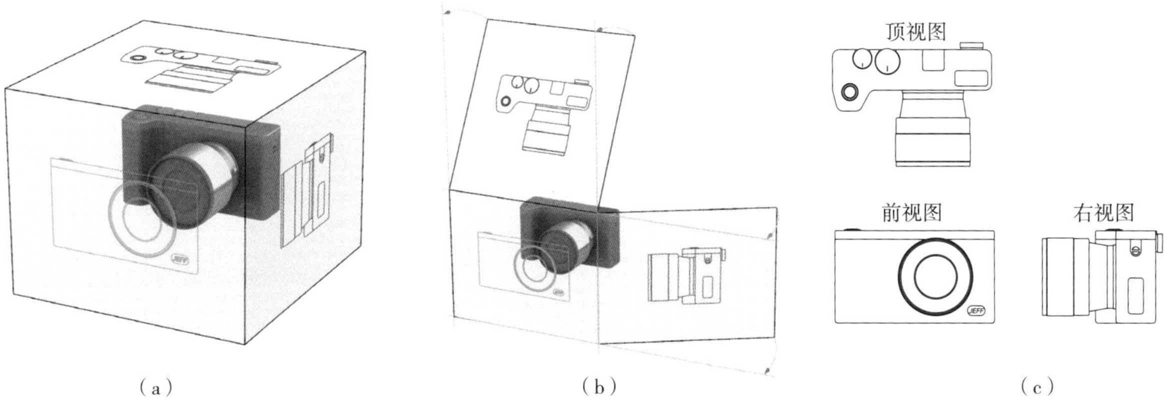

图 6-5 第三角基本视图的配置

前视图：从前向后投射，在正平面上（V 面）所得的视图；

顶视图：从上向下投射，在水平面上（H 面）所得的视图；

右视图：从右向左投射，在侧平面上（W 面）所得的视图。

三个视图依旧保持“长对正、高平齐、宽相等”的投影规律。

根据我国国家标准《机械制图》规定，视图采用第一角画法，但国际上也有采用第三角画法的，第三角画法和第一角画法的对比如图 6-6 所示。

二、向视图

1. 向视图的概念

如果不能按图 6-4 进行配置，此时可按图 6-6 所示自由配置视图，这样配置的视图称为向视图。

2. 向视图的标注

向视图标注两要素：箭头——指示投影方向；字母——指示向视图名称。

配置向视图时，应在向视图上方用大写拉丁字母标出视图名称，在相应的视图附近用箭头指明投射方向，并标注相同的字母，如图 6-7 所示。字母的方向应与读图的方向一致。

向视图不能旋转和倾斜。由于向视图是基本视图的另一种配置形式，所以不能只绘制部分向视图，表示投射方向的箭头应尽可能标注在主视图上，在绘制以向视图方式配置的后视图时，应将表示投射方向的箭头标注在左视图或右视图上，以便所获视图与基本视图一致。

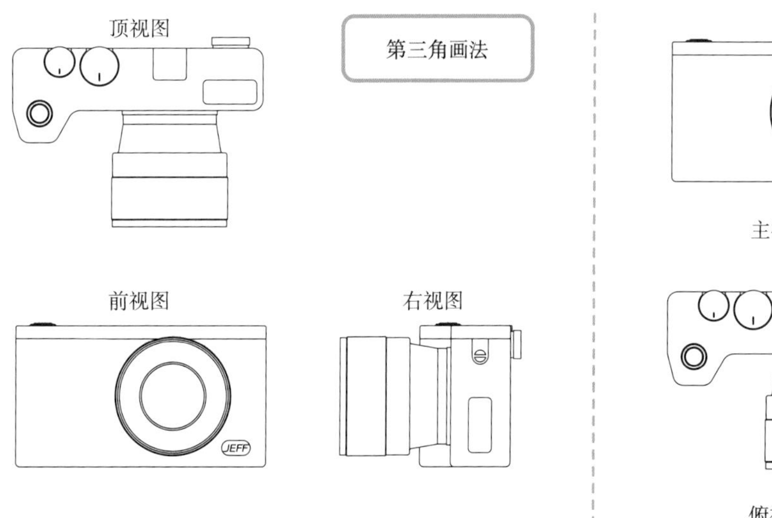

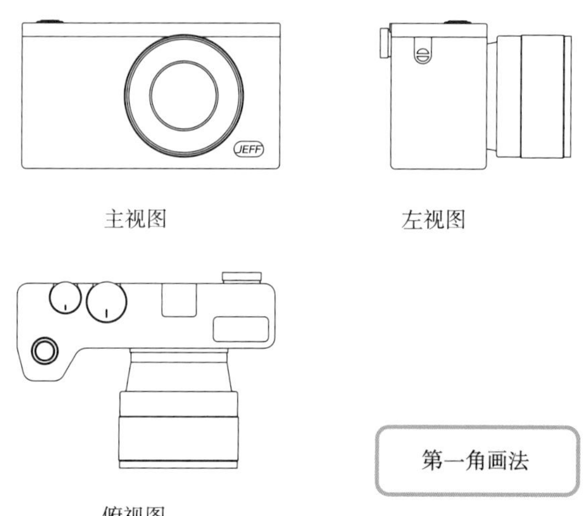

图 6-6 第三角画法和第一角画法的对比

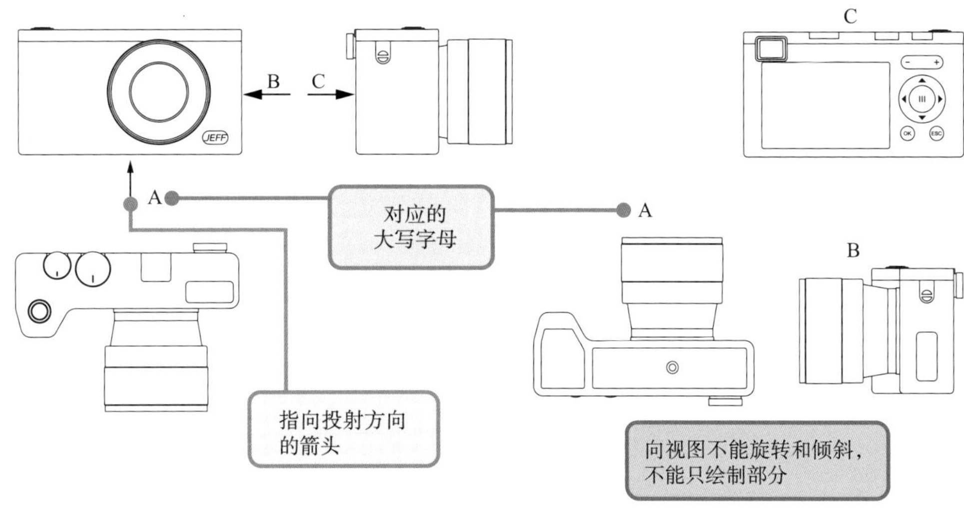

图 6-7 向视图配置

三、局部视图

1. 局部视图的概念

当产品的某部分细节未能表达清楚，但又不需要绘制整个基本视图时，将产品的某一部分向基本投影面投射所得的视图，称为局部视图。

如图 6-8 所示主视图、俯视图都没有表达清楚吊耳，绘制整个左视图又没什么必要，此时可以绘制吊耳的局部视图，这样，既表达清楚了吊耳的细节又简化了绘图的工作。

2. 局部视图的画法

在绘制局部视图时，用波浪线表示局部视图的范围如图 6-9 所示。绘制波浪线时应注意，波浪线不应绘制在产品的中空处以及图形之外。如图 6-10 所示，若需表达的结构为封闭图形时，可省去波浪线。

局部视图有两种配置方式：

（1）按基本视图配置的局部视图如图 6-9 所示，俯视图为局部视图不需要标注。

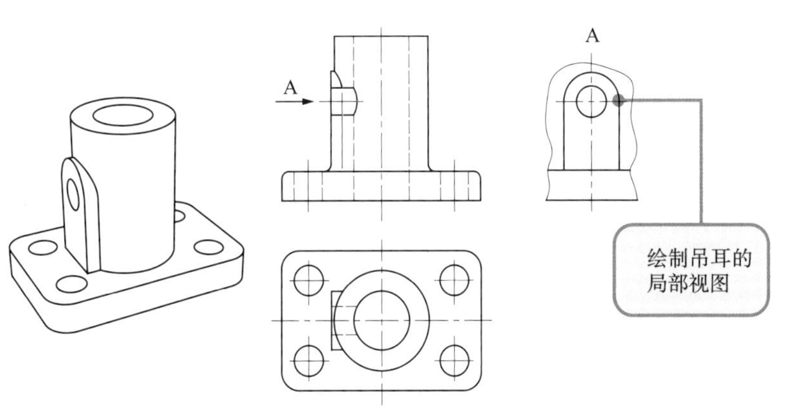

图 6-8 局部视图

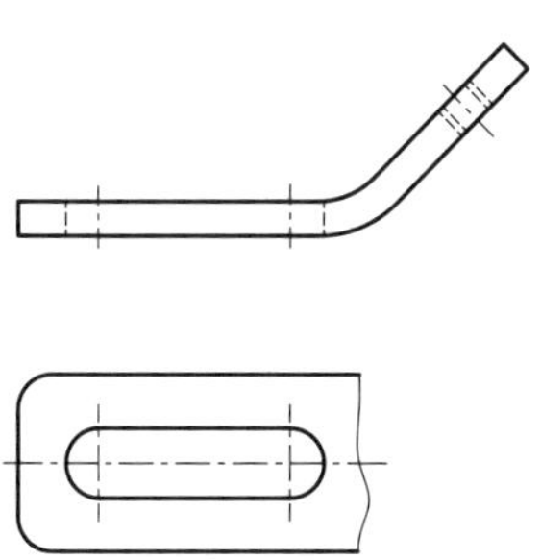

图 6-9 按基本视图配置的局部视图

（2）按向视图自由配置的局部视图如图6-10所示，视图需要标注。

3. 局部视图的标注

局部视图标注两个要素：箭头、字母。

在标注局部视图时，应在局部视图上方用大写拉丁字母标出视图名称，在相应的视图附近用箭头指明投射方向，并标注相同的字母，如图6-11所示。字母的方向应与读图的方向一致。

四、斜视图

1. 斜视图的概念

产品的倾斜部分向不平行于基本投影面的平面投射，所得到的视图称为斜视图，如图6-12所示。

2. 斜视图的画法及标注

（1）斜视图通常用来表达产品倾斜结构的形状，所以在斜视图中非倾斜部分不必全部画出，其断裂边界用波浪线或双折线绘制，如图6-13所示。

（2）根据向视图的规定，斜视图的配置和标注一般允许将斜视图旋转配置。此时应按向视图标注，且加注旋转符号，如图6-13所示，箭头与旋转方向一致，大写拉丁字母应紧靠旋转符号的箭头端，角度应注写在字母之后。

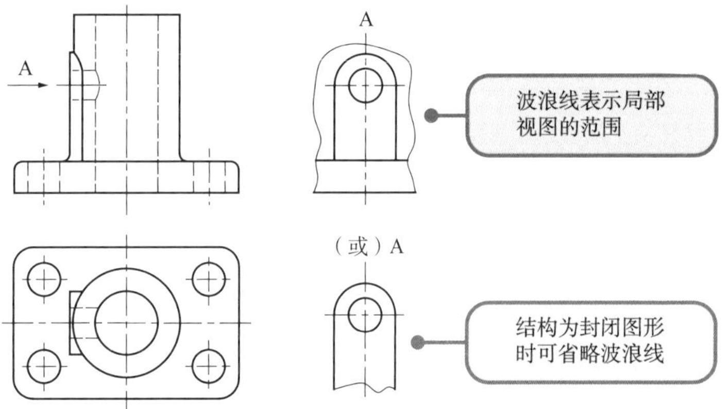

图6-10 按向视图配置的局部视图

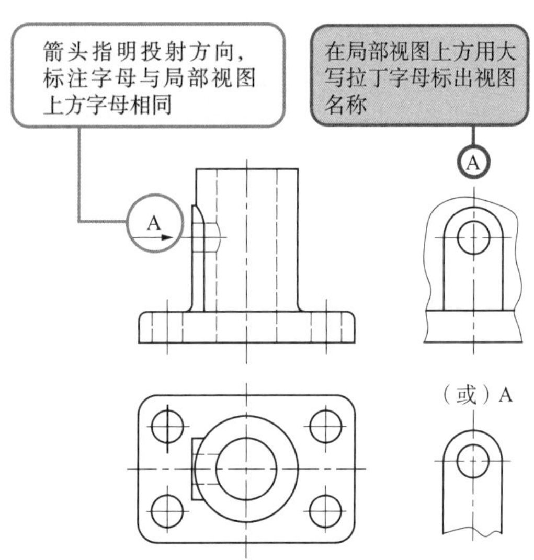

图6-11 局部视图的标注

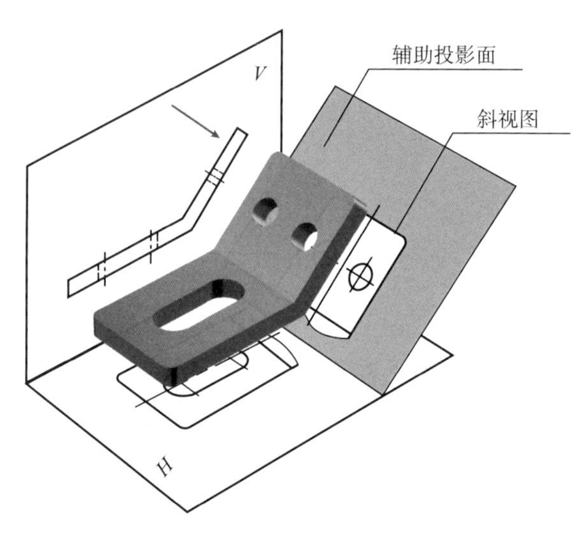

图6-12 斜视图

第二节 剖视图

一、剖视的基本概念

1. 剖视图的形成

视图是用来解决产品外形表达问题的，其内部结构用虚线表示。这些虚线纵横重叠，给读图、标尺寸带来许多不便。为了减少视图中的虚线，使图面清晰，可以采用剖视的方法来表达产品的内部结构和形状。

剖视图是假想用一剖切面 P（图6-14）剖开物体，将处在观察者和剖切面之间的部分移去，而将其余部分向投影面投射所得的图形。剖视图可简称为剖视。产品被剖切时，剖切面与机件的接触部分称为剖面区域。为了区别被剖切和未被剖切的部分，在绘制剖视图或断面图时，通常应在剖面区域绘制剖面符号，如图6-14所示。

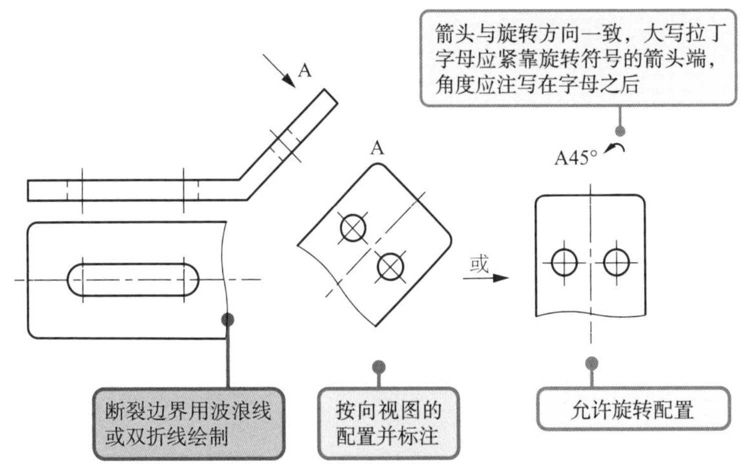

图 6-13 斜视图的画法及标注

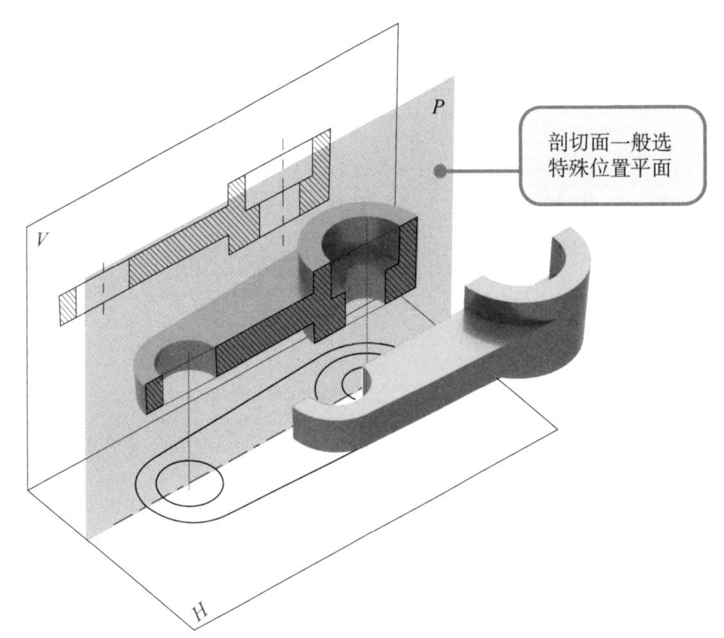

图 6-14 剖视图

2. 画剖视图应注意的几个问题

（1）剖切是一种假想的过程，是对某个视图进行剖视，并不影响其他视图，所以其他视图应完整绘制。

（2）剖开机件，凡可见轮廓线都应绘制，并要仔细分析剖面体后面的结构形状，避免漏线或多线。

（3）在剖视图上已经表达清楚的结构，表示其内部结构的虚线可省略不绘制，但如果绘制少量虚线可以减少视图而又不影响剖视图清晰时，也可绘制这种虚线。

（4）在剖面区域内绘制剖面符号时，若不需表示出材料的类型，可用通用剖面线表示。

二、剖面符号

按国标规定应在机件被剖切处绘制表示材料类别的剖面符号，如表 6-1 所示。

金属材料的剖面符号为一组间隔相等、方向相同且平行的细实线（称为剖面线）。通用剖面线应使用有适当角度的细实线绘制，最好与主要轮廓线成 45° 角。对于同一机体，在它的各个剖视图和断面图中，剖面线的倾斜方向应一致，如图 6-15 所示。

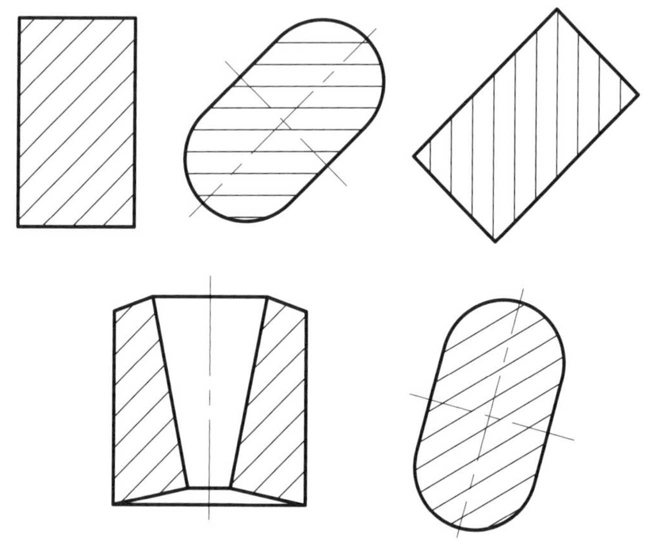

图 6-15 剖面线的角度

表 6-1 剖面符号

<table>
<tr><td colspan="2">金属材料</td><td></td><td>胶合板
（不分层数）</td><td></td></tr>
<tr><td colspan="2">线圈绕组元件</td><td></td><td>基础周围的混土</td><td></td></tr>
<tr><td colspan="2">转子、电枢、变压器和电抗器等的迭钢片</td><td></td><td>混凝土</td><td></td></tr>
<tr><td colspan="2">非金属材料
（已有规定剖面符号者除外）</td><td></td><td>钢筋混凝土</td><td></td></tr>
<tr><td colspan="2">型砂、填砂、粉末冶金、砂轮、陶瓷刀片、硬质合金刀片等</td><td></td><td>砖</td><td></td></tr>
<tr><td colspan="2">玻璃及其他透明材料</td><td></td><td>格网
（筛网、过滤网等）</td><td></td></tr>
<tr><td rowspan="2">木材</td><td>纵剖面</td><td></td><td rowspan="2">液体</td><td rowspan="2"></td></tr>
<tr><td>横剖面</td><td></td></tr>
</table>

三、剖视图的绘制

1. 剖视图的标注

剖视图标注三要素：剖切符号——指示剖切位置，用短粗实线表示；箭头——指示投影方向；字母——指示剖视图名称。

（1）一般标注方法。

三要素都标注，如图 6-16 所示。

剖切符号：用以表示剖切位置，在剖切面的起、迄和转折位置用短的粗实线绘制。剖切符号尽可能不与图形的轮廓线相交。

箭头：用来表示剖切后的投影方向，绘制剖切符号的起、迄处并垂直于剖切符号。

字母：一般应在剖视图的上方用字母标出剖视图的名称"×-×"，并在剖切符号的起、迄和转折处标注出相同的字母。

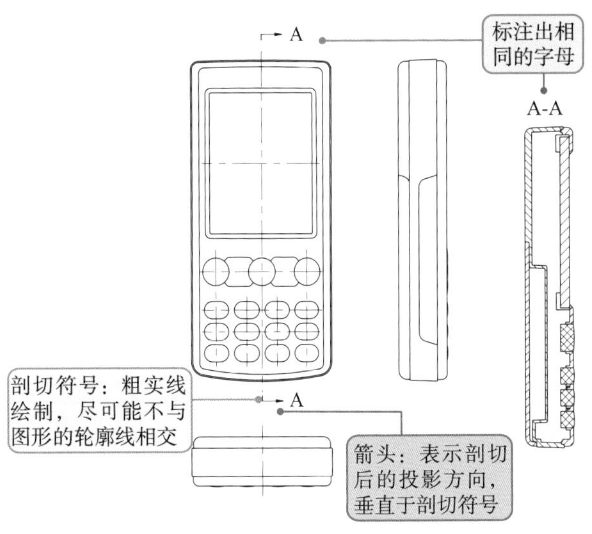

图 6-16 剖视图的一般标注方法

（2）可省略的标注方法。

当剖视图按投影关系配置，中间没有被其他图形隔开时，可省略箭头。

当单一剖切平面通过机件的对称平面或基本对称平面，剖视图按投影关系配置，中间没有被其他图形隔开时，可省略标注，如图 6-17 所示。

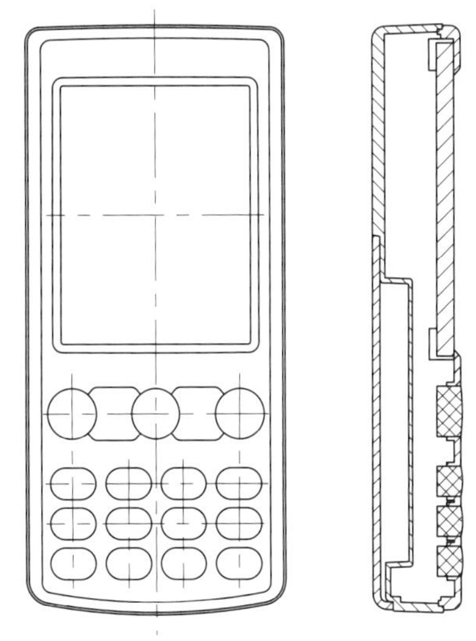

图 6-17 剖视图省略标注方法

2. 剖视图的分类及应用

剖视图分为：全剖视图、半剖视图、局部剖视图。

（1）全剖视图。

全剖视图是用剖切面完全地剖开物体所得到的视图，如图 6-18 所示。

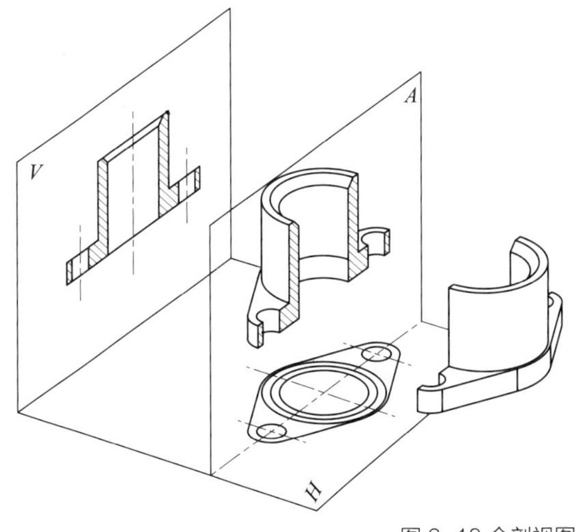

图 6-18 全剖视图

（2）半剖视图。

如图 6-19 所示物体采用全剖视图时，耳板无法表达清楚，这时就需要有既能表达物体外形也能表达物体内部结构的视图。

当物体具有对称平面时，向垂直于对称平面的投影面上投射所得的图形可以对称中心线为界，一半绘制成剖视图，另一半绘制成视图，如图 6-20 所示，这种图形称为半剖视图。

半剖视图应用于物体内、外形状均需表达，且物体在此视图方向为对称结构的情况，如图 6-20 所示。

（3）局部剖视图。

用剖切面局部地剖开机件所得的剖视图称为局部剖视图，如图 6-21 所示。需要同时表达不对称机件的内外形状时，可以采用局部剖视。当实心零件上有孔、凹坑或键槽等局部结构时，常用局部剖视图进行表达。虽有对称面，但轮廓线与对称中心线重合，不宜采用半剖视图时，可采用局部剖视图，如图 6-21 所示。

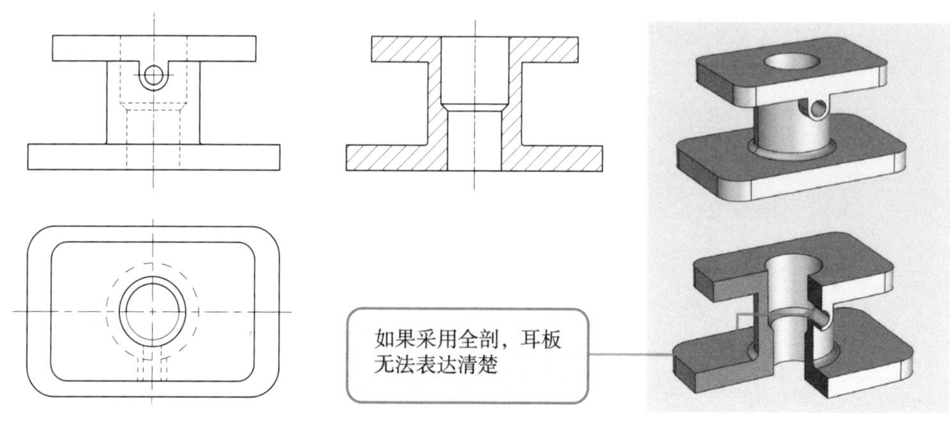

图 6-19 半剖视图

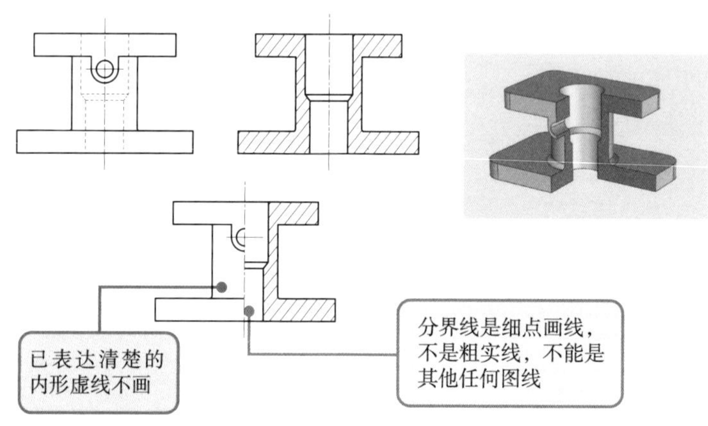

图 6-20 半剖视图的形成

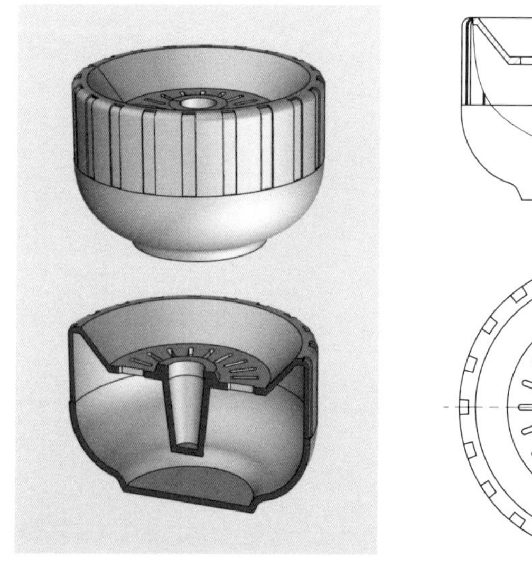
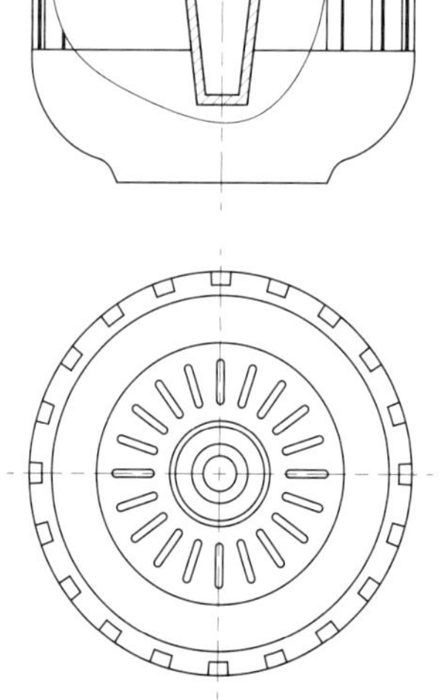
图 6-21 局部剖视图

轮廓线与对称中心线重合的情况如图 6-22 所示。

局部剖视图中，剖视部分与未剖视部分之间应以波浪线为界，如图 6-23（a）所示。波浪线画法应注意以下几种情况：

A. 局部剖视图的波浪线不能与图上的轮廓线重合，也不能绘制在其他图线的延长线上，更不允许和图样上的其他图线重合，如图 6-23（b）所示。

B. 当被剖切的结构为回转体时，允许用该结构的中心线代替波浪线。此时，可以省略局部剖视图的标注，如图 6-24 所示。

C. 波浪线表示机件断裂痕迹，因而波浪线应绘制在机件的实体部分，且不能超出轮廓线之外，如图 6-24 所示。

D. 不应穿“空”而过，如遇到孔、槽等结构时，波浪线必须断开，如图 6-25 所示。

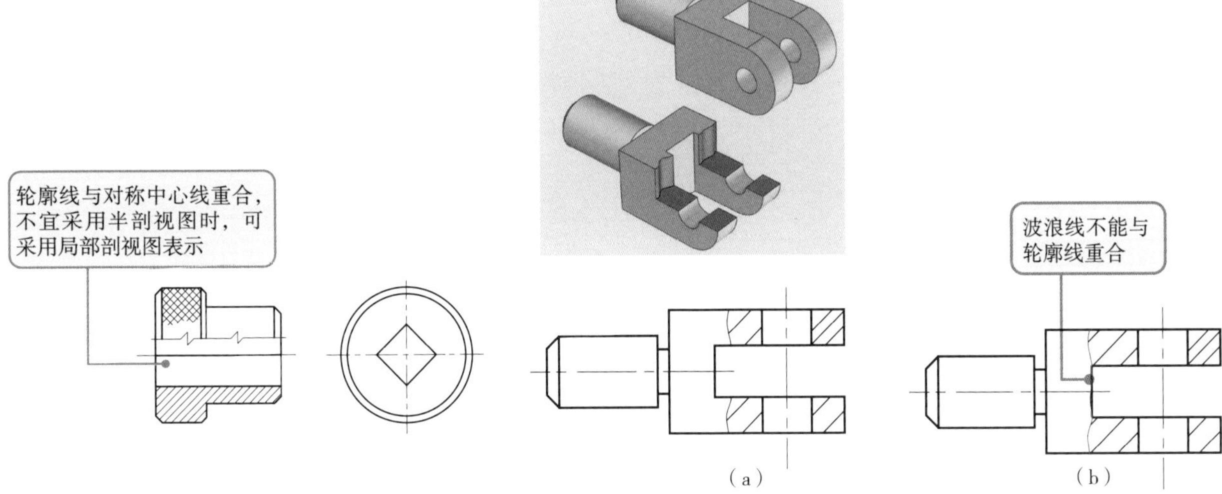

图 6-22 轮廓线与对称中心线重合时的局部剖

图 6-23 波浪线不能与图上的轮廓线重合

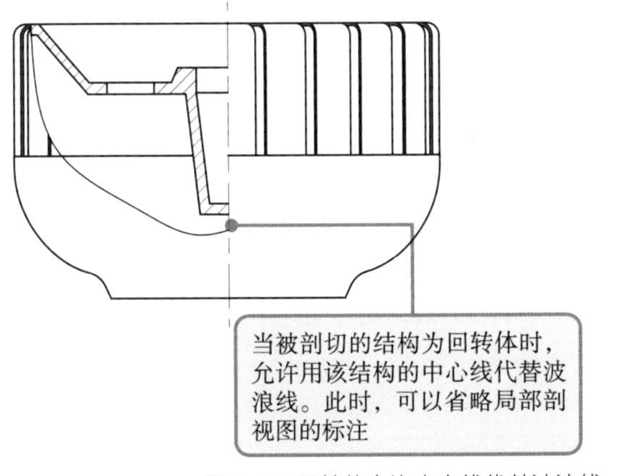

图 6-24 回转体允许中心线代替波浪线

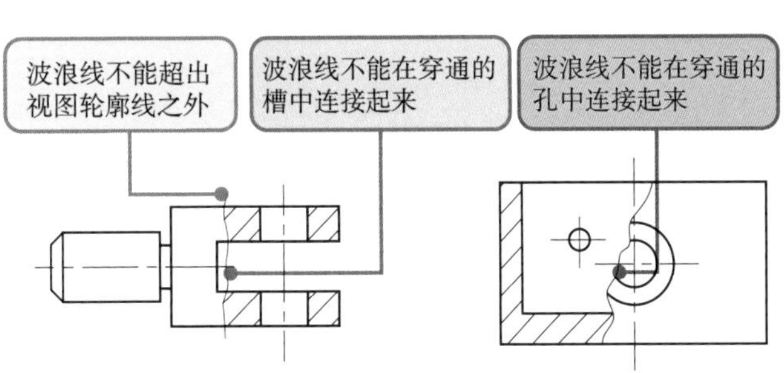

图 6-25 波浪线不应穿“空”而过

3. 剖切面的种类（图 6-26）

（1）单一剖切面。

假想用一个剖切面剖开机件的方法称为单一剖切面。

单一剖切平面可以平行于基本投影面，也可以不平行于基本投影面。

将一个平行于某基本投影面的平面作为剖切平面，这种应用较多，如前文所述的全剖视图、半剖视图、局部剖视图都是采用这种剖切平面剖切的。

用一个不平行于任何基本投影面的剖切平面剖开机件，这种剖切方法称为斜剖，如图 6-27 所示。

用斜剖方法绘制剖视图，如图 6-28 所示：

A. 剖切平面应与倾斜的内部结构平行，但垂直于某基本投影面，剖开后向剖切平面投影，以反映所剖内部结构的真形。

B. 斜剖视图标注不能省略，最好配置在箭头所指的方向，以保持直接的投影关系。允许放在其他位置，也允许旋转配置，但必须标出旋转符号。

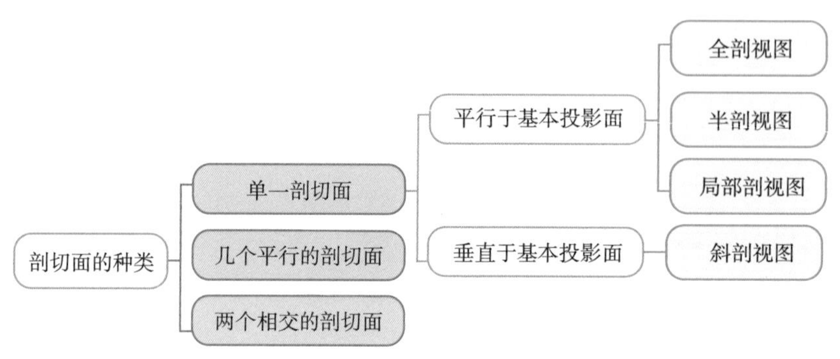

图 6-26 剖切面的种类

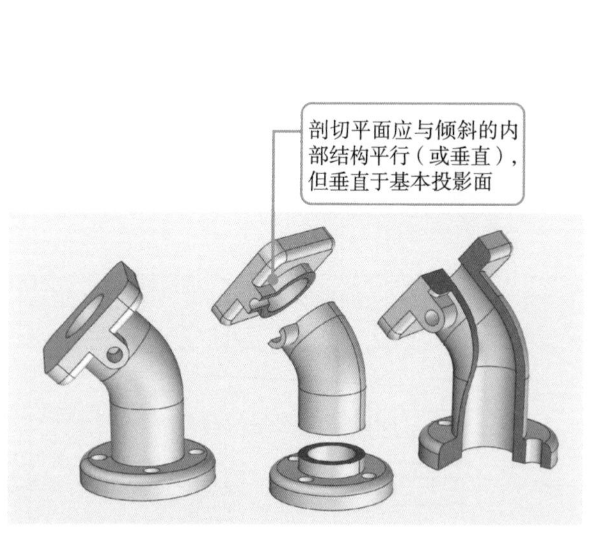

图 6-27 单一斜剖切平面

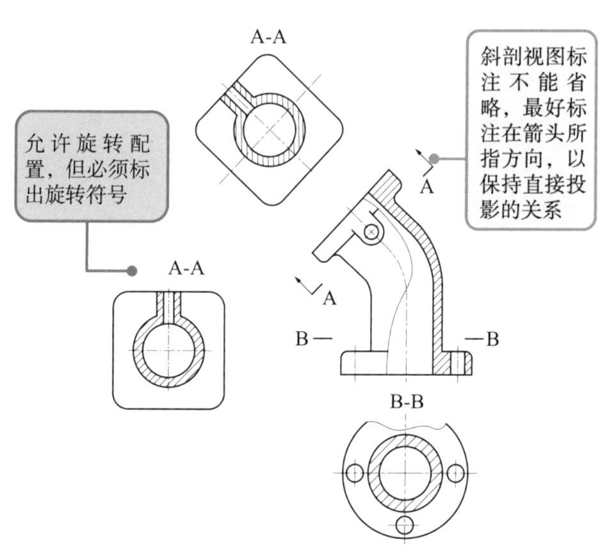

图 6-28 单一斜剖切视图

（2）几个平行的剖切平面。

用两个或两个以上互相平行的剖切平面完全地剖开机件所得的剖视图，如图 6-29 所示。

当机件外形简单，其上有较多的内部结构，且它们的轴线不在同一平面内时，可用阶梯剖的全剖视图，如图 6-30 所示。

绘制此类剖视图时应注意以下几点：

A. 用此方法绘制剖视图时，不应在剖视图中绘制剖切平面的转折线。

B. 切的结构应完整。

C. 当结构具有公共中心线时允许剖切平面在中心线处转折，如图 6-30 所示。

（3）几个相交的剖切面。

当机件的内部结构形状无法用一个剖切平面剖切进行表达时，且这个机件在整体上又具有回转轴，可采用两个相交于该回转轴的剖切平面剖开，如图 6-31 所示。

绘制此类剖视图时应注意以下几点：

A. 两相交的剖切平面的交线应与机件上旋转轴线重合，并垂直于某一基本投影面。

B. 采用这种方法绘制剖视图时，要遵守的原则是：剖开—旋转—投影，即先假想按剖切位置剖开机件，然后将被剖切平面剖开的结构及有关部分进行旋转，使其与选定的投影面平行再进行投射，如图 6-32 所示。

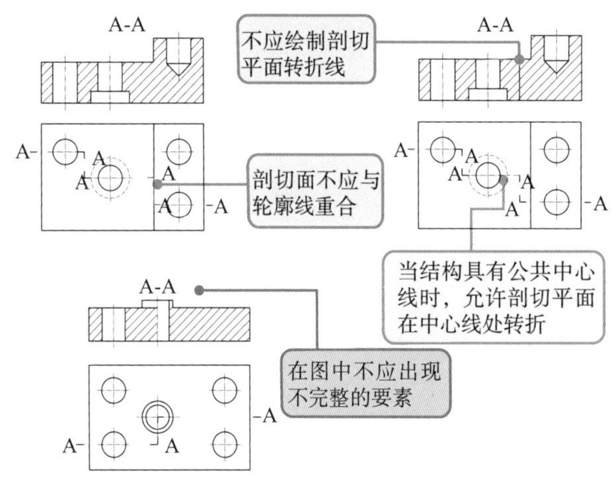

图 6-30 几个平行剖切平面注意事项

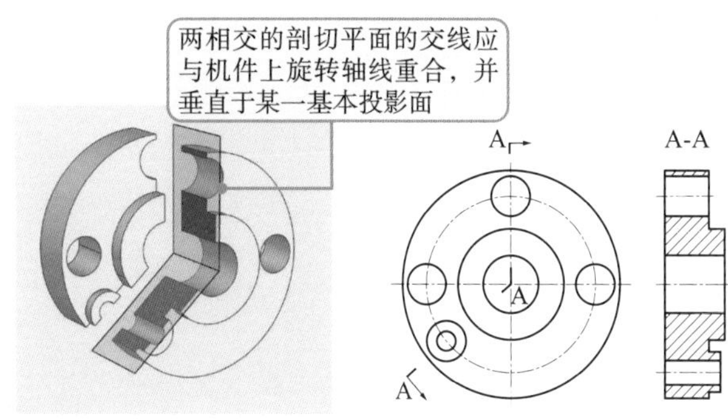

图 6-31 几个相交剖切面（一）

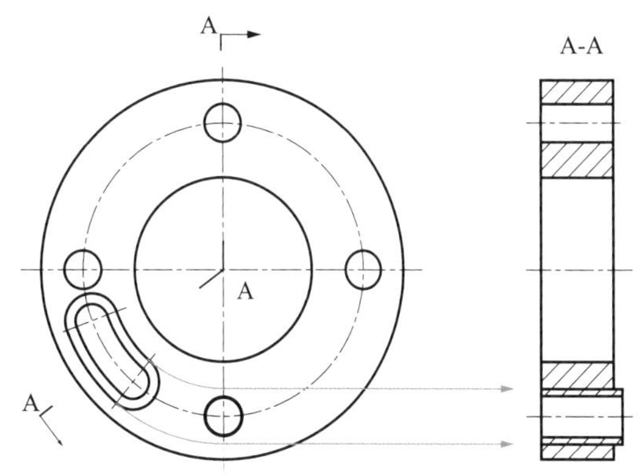

图 6-32 几个相交的剖切面（二）

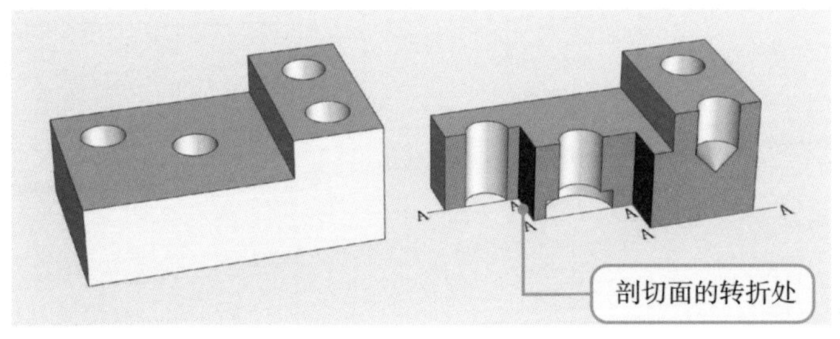

图 6-29 几个平行剖切平面

第三节 断面图

一、断面图的概念

1. 断面图的概念

假想用剖切面将物体的某处切断，仅绘制该剖切面与物体接触部分的图形，如图 6-33 所示，这样的图形称为断面图，简称断面。

2. 断面图与剖视图的区别

在绘制断面图时，只需绘制被切产品的断面形状即可，但对于剖视图而言，除绘制断面的形状外，还必须绘制剖切平面后面的形状，如图 6-34 所示。

二、断面图的种类

根据断面图的摆放位置，可将断面图分为移出断面图和重合断面图。

绘制在视图之外的断面图称为移出断面图。

绘制在视图之内的断面图称为重合断面图。

三、断面图的绘制

1. 移出断面

（1）移出断面图的画法。

移出断面的轮廓及配置位置，如图 6-35 所示，轮廓线用粗实线绘制，配置在剖切线的延长线上或其他适当的位置。

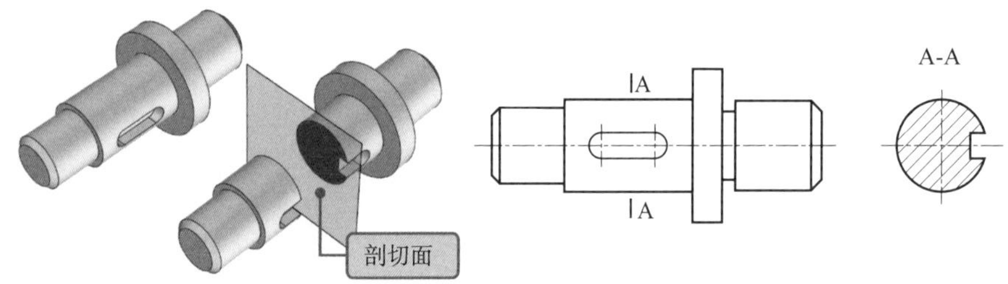

图 6-33 断面图

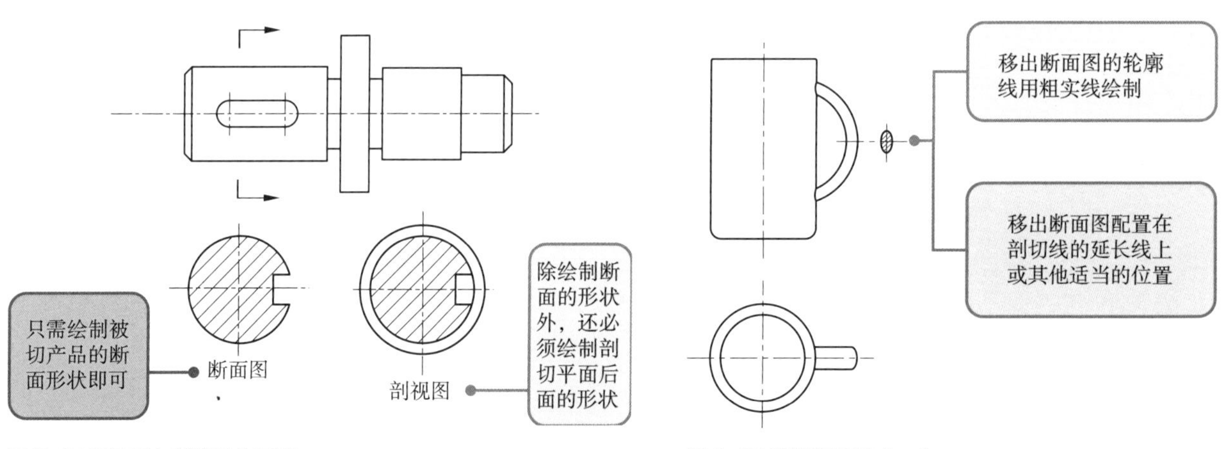

图 6-34 断面图与剖视图的区别

图 6-35 移出断面图（一）

移出断面的图形对称时的配置位置，如图 6-36 所示，可绘制在视图的中断处。

倾斜移出断面，必要时可将移出断面图并将其配置在其他适当的位置上。在不致引起误解的情况下，允许旋转图形，其标注形式如图 6-37 所示。

由两个或多个相交的剖切平面剖切得出的移出断面，如图 6-38 所示，中间一般应断开。

（2）移出断面图的标注方法。

移出断面图的标注三要素：剖切符号、箭头、字母。

剖切符号——指示剖切位置，用短粗实线表示；箭头——指示投影方向；字母——指示移出断面图名称，在箭头和断面图的上方用同样的字母标出其名称“×—×”。

三要素可省略的标注：

断面图形对称，但不配置在剖切符号延长线上，不论画在什么地方，均可省略箭头，如图 6-39（a）所示。

不对称移出断面图，配置在剖切符号延长线上的，应画出剖切符号和箭头，以表示投影方向，但字母省略，如图 6-39（b）所示。

按投影关系配置，不对称移出断面和对称移出断面均不必标注箭头，如图 6-40 所示。

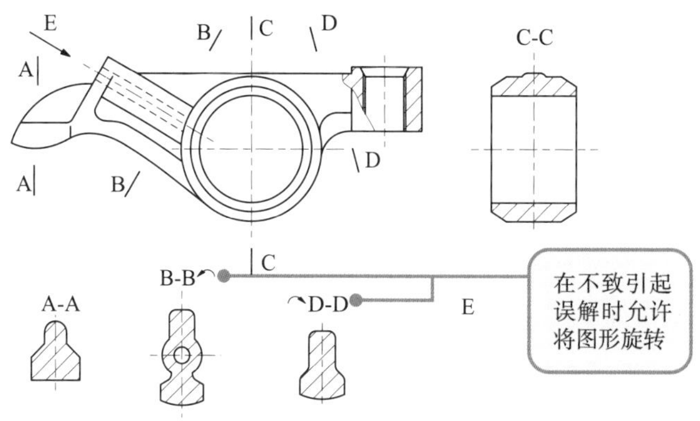

图 6-37 移出断面图（三）

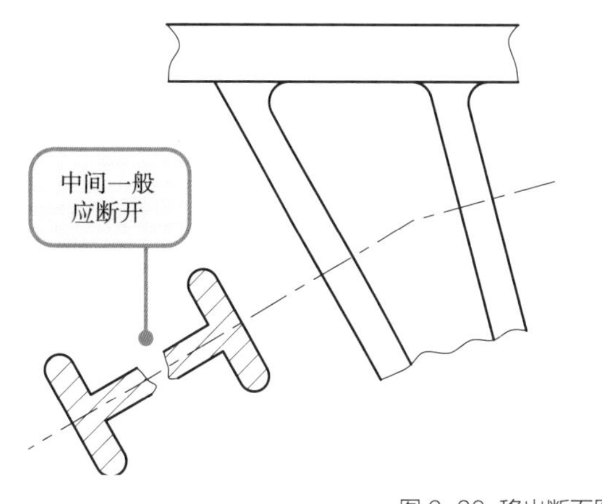

图 6-38 移出断面图（四）

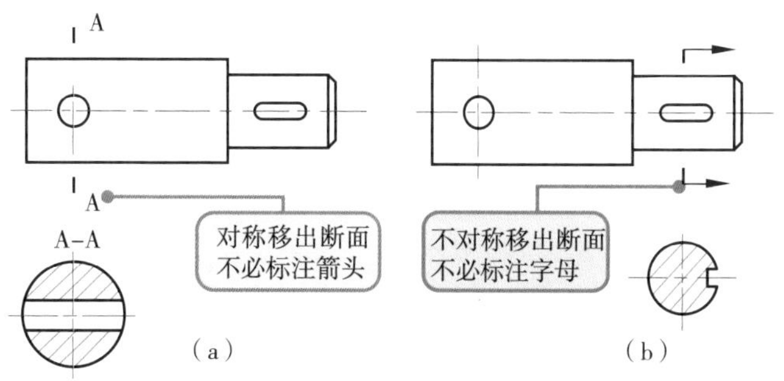

图 6-39 移出断面图（五）

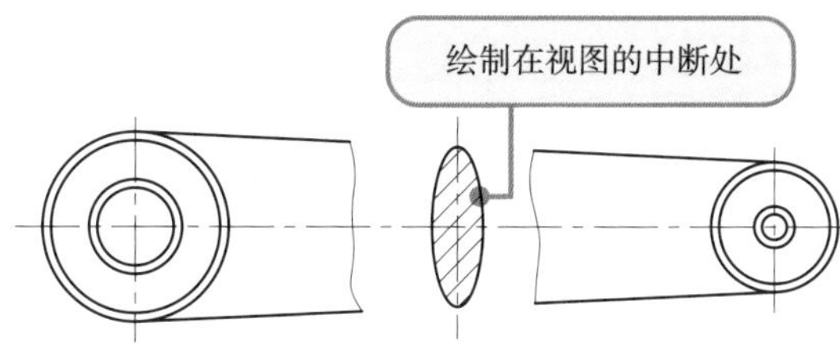

图 6-36 移出断面图（二）

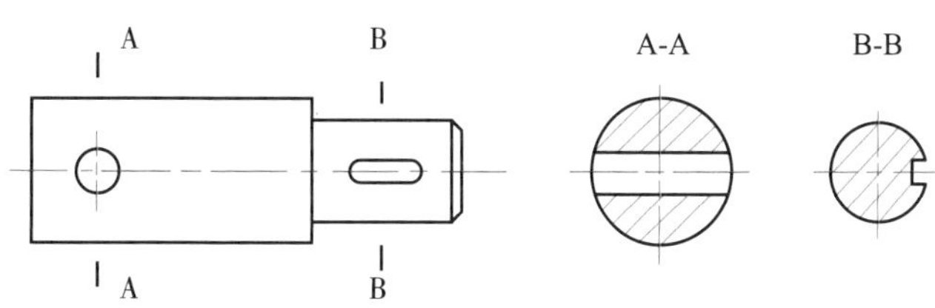

图 6-40 移出断面图（六）

断面图形对称，且配置在剖切符号延长线上，标注可全部省略，并用细点画线将两者两连，如图 6-41（a）所示。

断面图形不对称，且配置在其他位置，三要素要全标，如图 6-41（b）所示。

（3）断面图按剖视图绘制。

当剖切平面通过回转而形成的孔或凹坑的轴线时，这些结构按剖视图要求绘制，如图 6-41 所示。

2. 重合断面图

（1）重合断面图的画法。

重合断面图的轮廓线用细实线绘制，如图 6-42 所示。

（2）重合断面图的标注方法。

由于重合断面直接画在视图内的剖切位置处，因此标注时应省略字母。对称的重合断面不必标注，如图 6-43 所示；不对称的只需画出剖切符号与箭头，如图 6-44 所示。

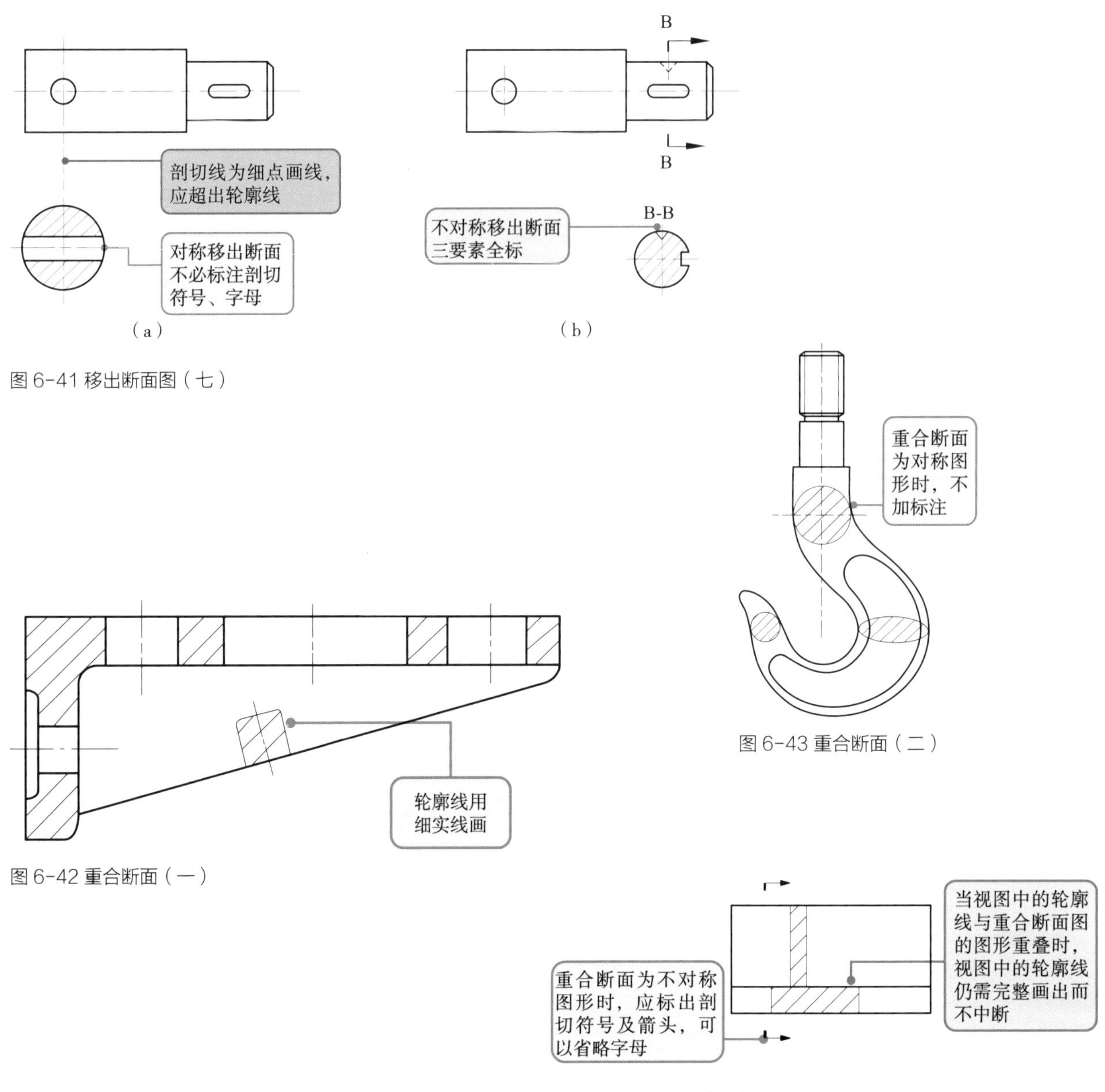

图 6-41 移出断面图（七）

图 6-43 重合断面（二）

图 6-42 重合断面（一）

图 6-44 重合断面（三）

第四节 局部放大图

一、局部放大图的概念

将机件上的部分结构用大于原图所采用的比例画出的图形，称为局部放大图。

二、局部放大图的比例

局部放大图的比例是指该图形中机件要素的线性尺寸与实际机件相应要素的线性尺寸之比，而与原图形所采用的比例无关。

三、局部放大图的画法

局部放大图可画成视图、剖视图、断面图，它与被放大部位的表达方法无关。局部放大图应尽量配置在被放大部位的附近，如图 6-45 所示。

四、局部放大图的标注

绘制局部放大图时，应用细实线圈出被放大部分的部位，如图 6-45 所示。

当机件上有多个被放大部位时，必须用罗马数字和指引线依次标明被放大的部位，并要在局部放大图上方正中位置标注出相应的罗马数字和采用的比例（罗马数字和比例之间的横线用细实线绘制，前者写在横线之上，后者写在横线之下），如图 6-45 中的 I 处所示。

在机件上仅有一个需要放大的部位的情况下，不必为其编号，只需在被放大部位绘制圆圈，并在局部放大图的上方正中位置注明所采用的比例，如图 6-46 所示。

第五节 简化画法

一、相同结构要素的简化画法

当机件上有若干按一定规律分布的相同结构（如齿、槽等）时，只需绘制几个完整的结构，其余的用细实线连接，再在图上注明该结构的总数，如图 6-47 所示。

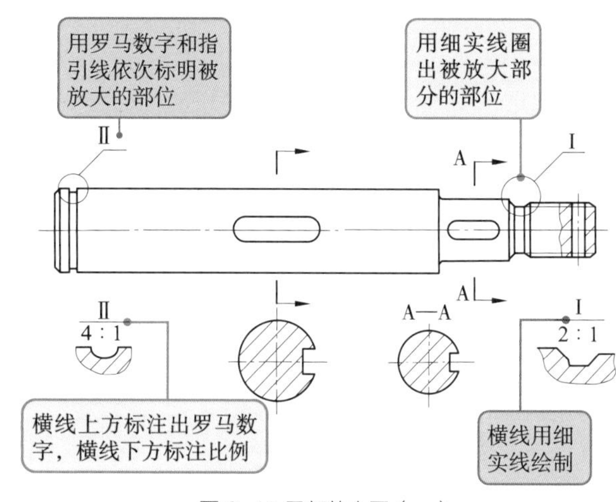

图 6-45 局部放大图（一）

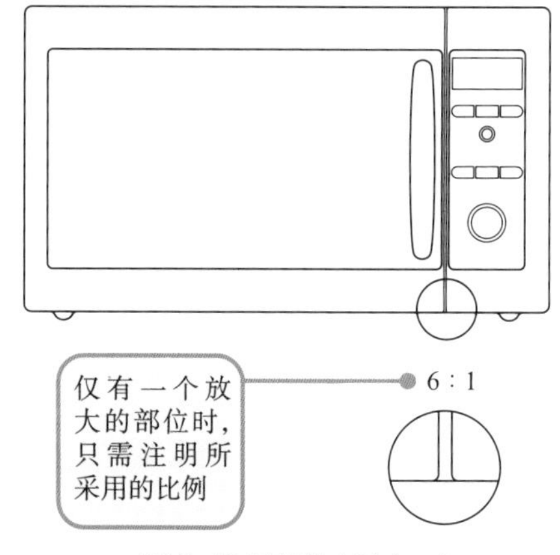

图 6-46 局部放大图（二）

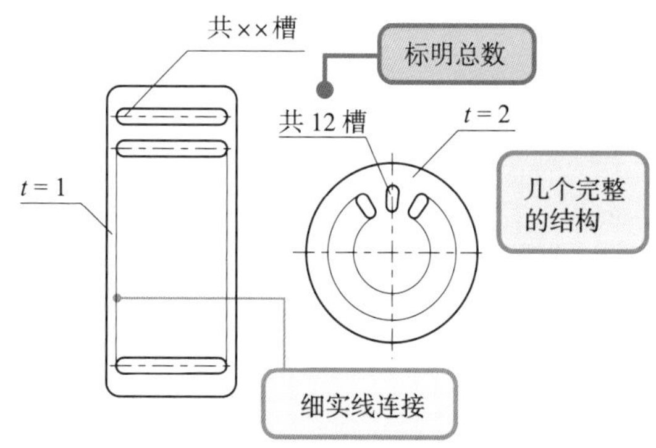

图 6-47 相同结构要素的简化画法（一）

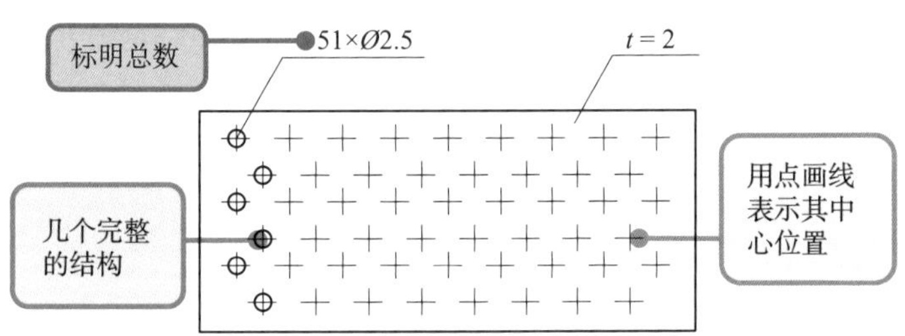

图 6-48 相同结构要素的简化画法（二）

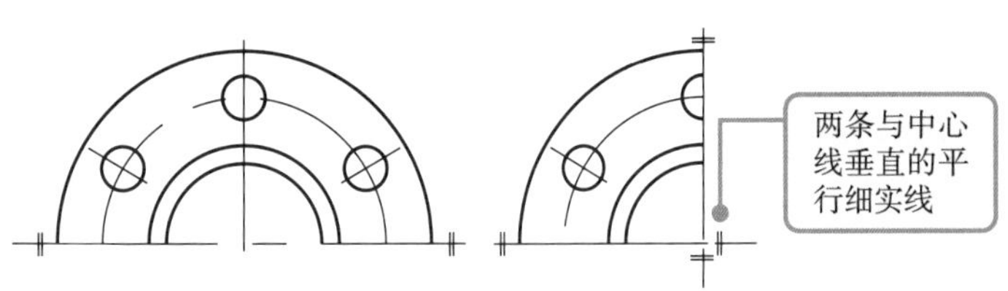

图 6-49 对称图形简化画法

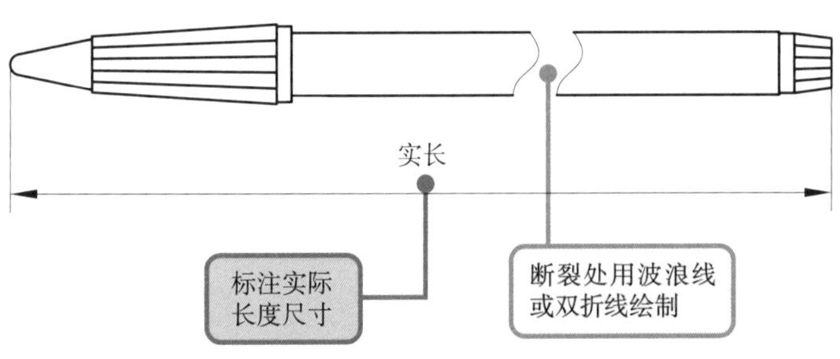

图 6-50 较长机件的简化画法

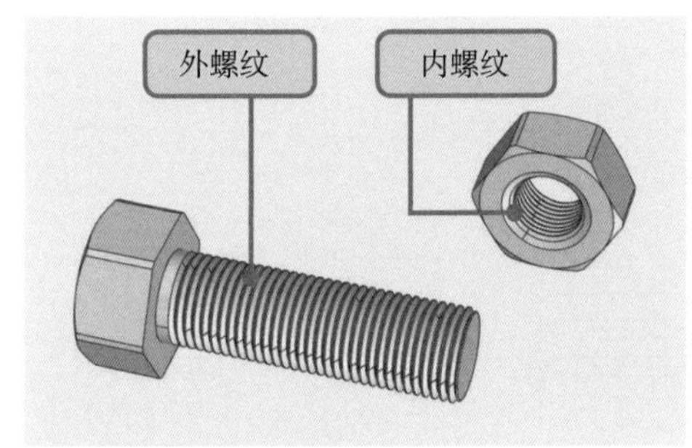

图 6-51 内螺纹与外螺纹

当机件上具有若干直径相同且规律分布的孔（圆孔、螺孔、沉孔等），可以仅绘制一个或几个，其余部分只需用细点画线表示其中心位置，并在图上注明孔的总数即可，如图 6-48 所示。

二、对称图形简化画法

在不会引起误解的情况下，对称机件的视图可以只绘制一半或四分之一，并在中心线的两端绘制两条与该中心线垂直的平行细实线，如图 6-49 所示。

三、较长机件的简化画法

对于轴、杆类较长的产品，当沿长度方向形状相同或按一定规律变化时，允许断开绘制，但要按实际长度标注尺寸，如图 6-50 所示。断裂处的边界线可用波浪线或双折线绘制。

第六节　常用连接件的画法

一、螺纹连接画法

螺纹连接作为可拆连接，被广泛应用于产品结构中。国家标准对螺纹连接中螺纹件的画法有明确规定，下面介绍螺纹连接的基本画法。

1. 螺纹连接常用名词

外螺纹：在圆柱或圆锥外表面上形成的螺纹，如图 6-51 所示。

内螺纹：在圆柱或圆锥内孔表面上形成的螺纹，如图 6-51 所示。

螺纹的牙型：在通过螺纹轴线的剖面上螺纹的轮廓形状。常用的牙型有三角形、梯形、锯齿形等。

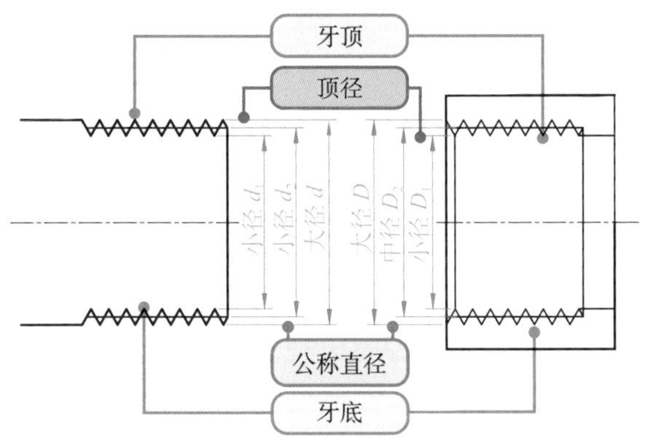

图 6-52 螺纹的直径

螺纹的直径：螺纹有大径（外螺纹用 d，内螺纹用 D 表示）、小径和中径之分。外螺纹的大径和内螺纹的小径称为顶径，螺纹的大径为螺纹的公称尺寸，如图 6-52 所示。

牙顶：外螺纹的大径线，内螺纹的小径线，如图 6-52 所示。

牙底：外螺纹的小径线，内螺纹的大径线，如图 6-52 所示。

2. 螺纹的规定画法

（1）牙顶用粗实线表示；

（2）牙底用细实线表示；

（3）在投影为圆的视图上，表示牙底的细实线，圆只绘制约 3/4 圈；螺纹终止线用粗实线表示，如图 6-53、图 6-54 所示；

（4）不管是内螺纹还是外螺纹，其剖视图或断面图上的剖面线都必须绘制到粗实线，如图 6-54 所示；

（5）当需要表示螺纹收尾时，螺尾部分的牙底线与轴线呈 30°。

3. 内、外螺纹旋合的规定画法

（1）在剖视图中，内、外螺纹旋合部分应按外螺纹的规定画法绘制如图 6-55（c）所示，其余部分则按各自规定画法绘制，如图 6-55（a）（b）所示；

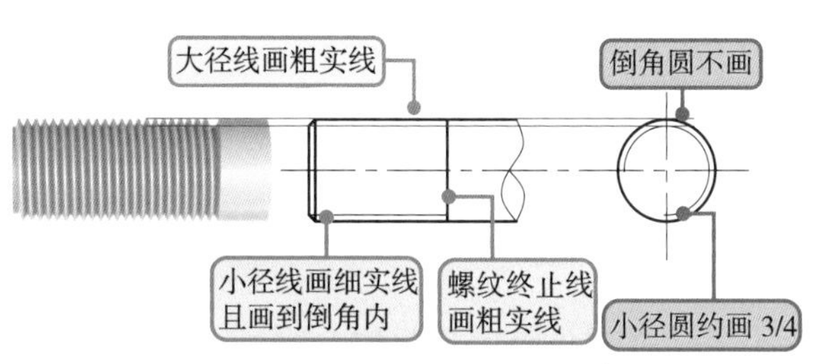

图 6-53 外螺纹的画法

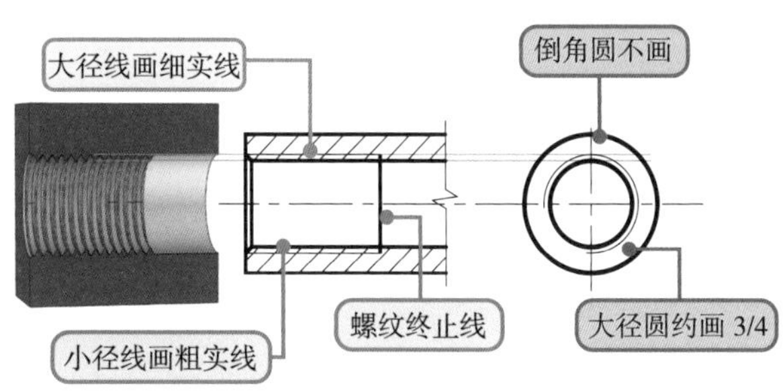

图 6-54 内螺纹的画法

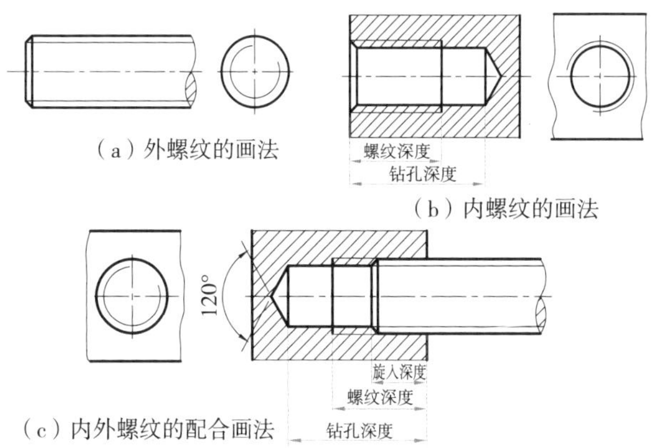

图 6-55 内、外螺纹旋合的画法

（2）表示内、外螺纹大、小径的细实线和粗实线应分别对齐；

（3）不通螺孔中的钻孔锥角应绘制成 120°；

（4）剖面线应绘制到粗实线上，且螺杆按不剖绘制，如图 6-55（c）所示。

4. 螺纹的标注方法

螺纹的标注方法，如图 6-56 所示。图 6-57 为普通螺纹标注方法，图 6-58 为外螺纹和内螺纹的标注方法。

二、常用螺纹连接件的画法

常用的螺纹连接件有：六角头螺栓、双头螺柱、平垫圈、螺母、开槽圆柱头螺钉、开槽沉头螺钉、圆柱头内六角螺钉、锥端紧定螺钉等。

1. 螺栓连接

（1）当剖切平面通过螺纹紧固件轴线时应按不剖绘制。

（2）两零件的接触表面只绘制一条轮廓线。

（3）两相邻零件的剖面线方向应相反，如图 6-59 所示。

2. 螺柱连接

螺柱连接适用于被连接件之一较厚或不能钻成通孔的情况，螺柱连接的画法，如图 6-60 所示。

3. 螺钉连接

螺钉连接用于不经常拆卸，并且受力不大的零件。常用螺钉连接的画法，如图 6-61 所示。

4. 常用螺栓、螺钉的简化画法

常用螺栓、螺钉的简化画法，如表 6-2 所示。

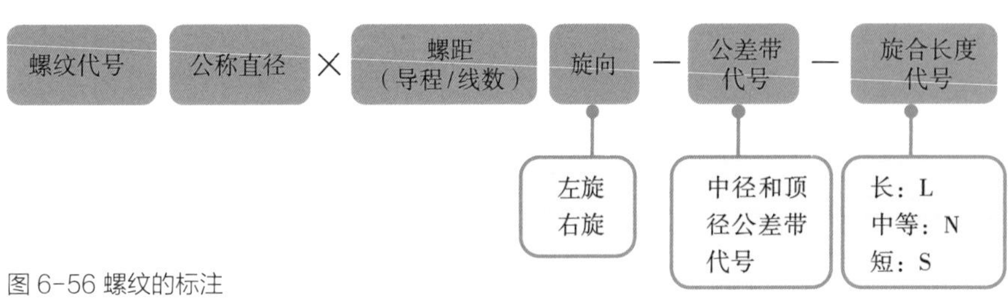

图 6-56 螺纹的标注

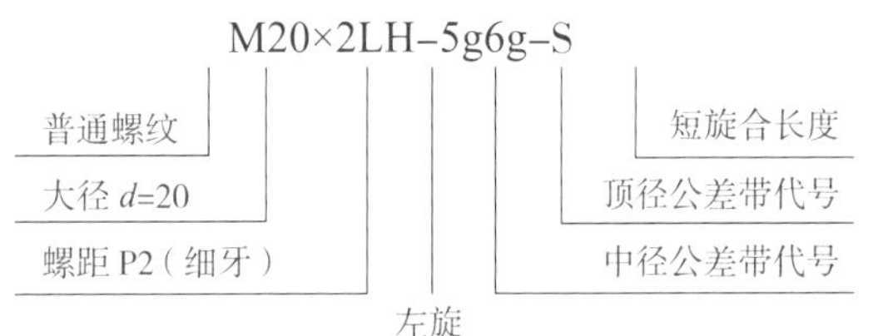

图 6-57 普通螺纹的标注方法

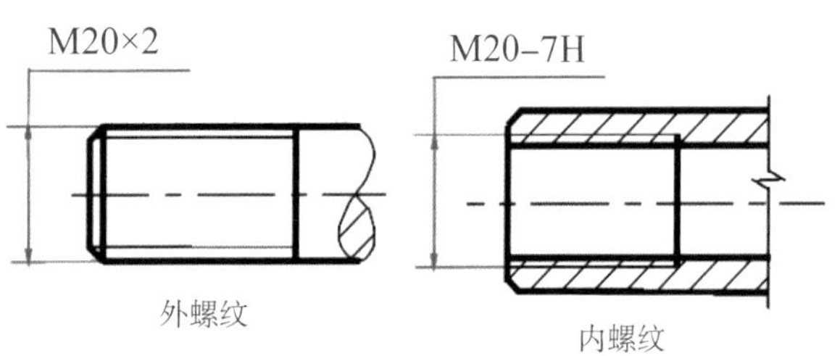

图 6-58 外螺纹和内螺纹的标注方法

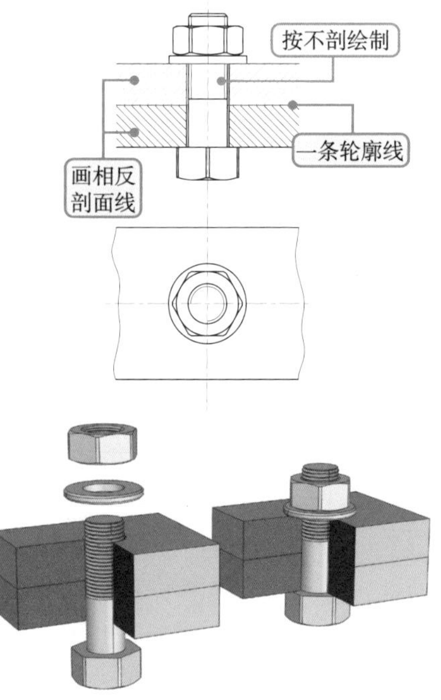

图 6-59 螺栓连接

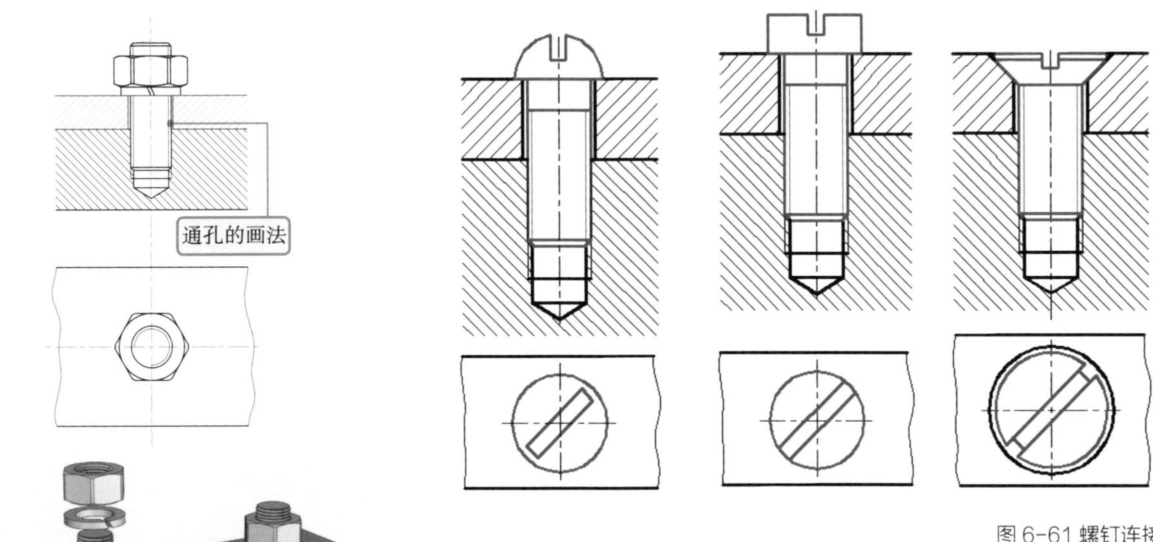

图 6-61 螺钉连接

图 6-60 螺柱连接

表 6-2 常用螺栓、螺钉的简化画法

形式	简化画法	形式	简化画法
六角头 （螺栓）		半沉头开槽 （螺钉）	
方头 （螺栓）		沉头十字槽 （螺钉）	
圆柱头内六角 （螺钉）		六角 （螺母）	
无头内六角 （螺钉）		方头 （螺母）	
沉头开槽 （螺钉）		六角开槽 （螺母）	
圆柱头开槽 （螺钉）		蝶形 （螺母）	

三、弹簧连接

1. 几个常见名词

弹簧常见名词，如图 6-62 所示。

簧丝直径 d ——制造弹簧所用金属丝的直径；

弹簧外径 D——弹簧的最大直径；

弹簧内径 D_1——弹簧的内孔最小直径；

弹簧中径 D_2——弹簧平均直径；

节距 t——相邻两有效圈数上对应点间的轴向距离；

自由高度 H_0 ——未受载荷作用时弹簧的高度。

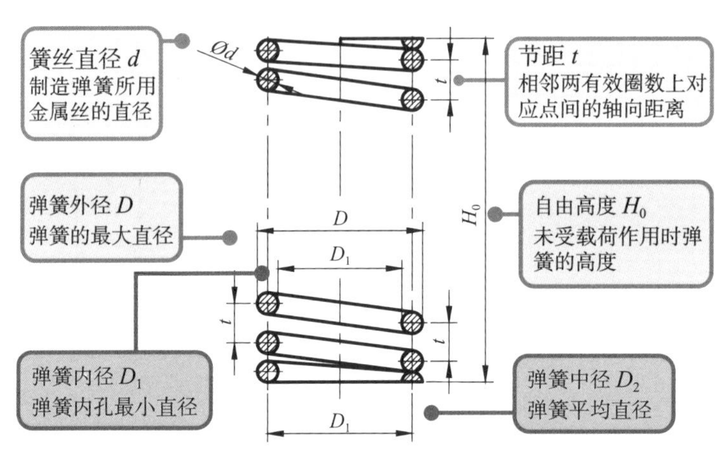

图 6-62 弹簧常见名词

2. 常用弹簧的画法

常用弹簧的画法，如表 6-3 所示。

表 6-3 常用弹簧的画法

名称	视图	剖视图	示意图
圆柱螺旋压缩弹簧			
圆柱螺旋拉伸弹簧（一）			
圆柱螺旋拉伸弹簧（二）			
圆柱螺旋扭转弹簧			

第七节 零件图与装配图

一、零件图

1. 零件图的作用

零件是组成机器或部件的基本单位。

零件图是用来表示零件的结构形状、大小及技术要求的图样，是直接指导制造和检验零件的重要技术文件。

2. 零件图的内容

一组视图：完整、清晰地表达零件的结构和形状。

全部尺寸：表达零件各部分的大小和各部分之间的相对位置关系。

技术要求：表示或说明零件在加工、检验过程中的要求。

标题栏：填写零件名称、材料、比例、图号、单位名称及设计、审核、批准等有关人员的签字之处。

3. 零件图的尺寸标注

零件图上的尺寸是加工和检验零件的重要依据，是零件图的重要内容之一，是图样中指令性最强的部分。

（1）尺寸标注基准。

尺寸标注基准分为设计基准和工艺基准。

设计基准是从设计角度考虑，为满足零件在机器或部件中对其结构、性能要求而选定的一些基准，如图 6-63 所示。

工艺基准是从加工工艺的角度考虑，为便于零件的加工、测量而选定的一些基准，称为工艺基准，如图 6-64 所示。

（2）尺寸基准的选择。

应尽量使设计基准与工艺基准重合，以减少尺寸误差，保证产品质量。任何一个零件都有长、宽、高三个方向的尺寸。因此，每一个零件也应有三个方向的尺寸基准。零件的某个方向可能会有两个或两个以上的基准。一般只有一个是主要基准，其他为次要基准或称辅助基准。应选择零件上重要几何要素作为主要基准。

二、装配图

1. 装配图的作用

在设计产品时，通常是根据设计任务书，先绘制符合设计要求的装配图，再根据装配图绘制符合要求的零件图。

长度方向设计基准

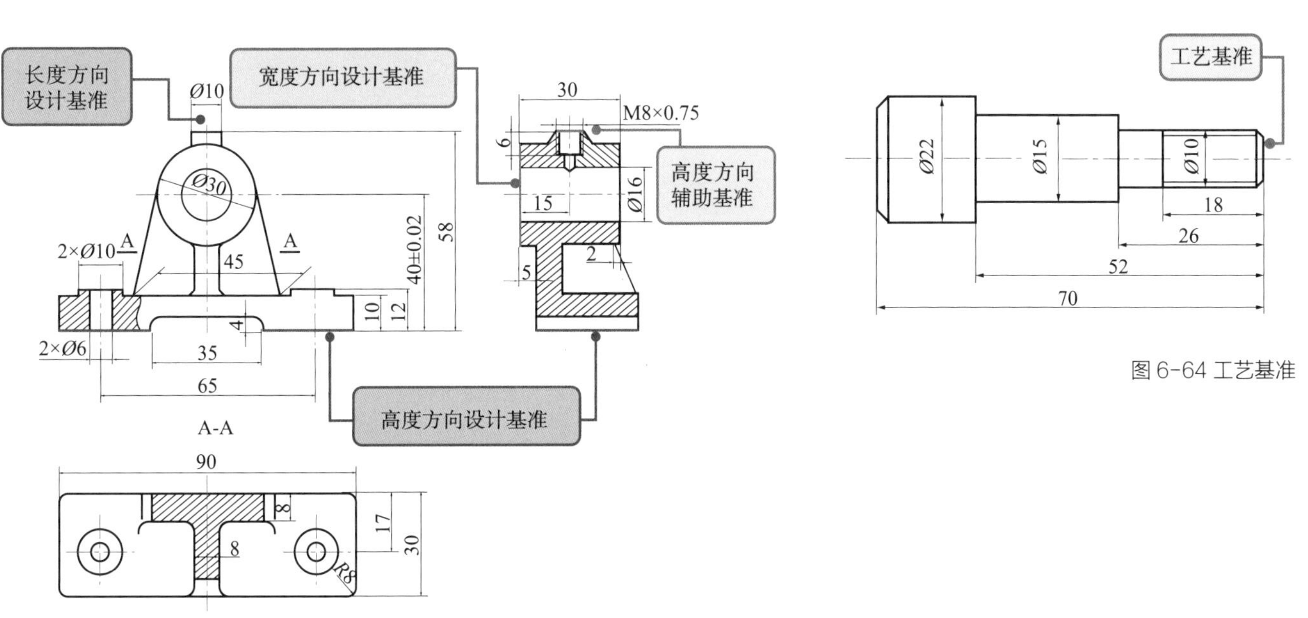

图 6-63 设计基准

图 6-64 工艺基准

在制造产品时，要根据装配图制定装配工艺规程进行装配、调试和检验产品。

在使用产品时，要从装配图上了解产品的结构、性能、工作原理及保养、维修的方法和要求。

2. 装配图的内容

一组视图：表达机器或部件的工作原理、装配关系、传动路线、连接方式及零件的基本结构。

必要的尺寸：表示机器或部件的性能、规格、外形大小及装配、检验、安装所需的尺寸。

序号：组成机器或部件的每一种零件（结构形状、尺寸规格及材料完全相同的为一种零件），在装配图上，必须按一定的顺序编上序号。

技术要求：用符号或文字注写的机器或部件在装配、检验、调试和使用等方面的要求、规则及说明。

明细栏：注明各种零件的序号、代号、名称、数量、材料、重量、备注等内容，以便读图、图样管理及进行生产准备、生产组织工作。

标题栏：说明机器或部件的名称、图样代号、比例、重量及责任者的签名和日期等内容。

思考与练习

1. 基本视图有几个，说明它们的配置关系。
2. 举例说明局部视图的画法。
3. 剖视图有几种？分别说明其画法及标注方法。
4. 剖切平面有几种？如何标注？
5. 剖视图和断面图有什么区别？
6. 断面图分为几类？举例说明其画法。
7. 什么情况下绘制局部放大图？如何标注？
8. 螺纹连接有哪些规定画法？
9. 弹簧有哪些主要参数？圆柱螺旋拉伸弹簧有哪些规定画法？
10. 零件图和装配图的内容分别有哪些？
11. 已知主、俯视图，将主视图改画为全剖视图（码 6-1-1）。
12. 已知主、俯视图，将主视图改画成全剖视图，左视图画成半剖视图（码 6-1-2）。
13. 已知主、俯视图，用几个平行剖切面将主视图改画为剖视图，将机件内部结构表达清楚（码 6-1-3）。
14. 已知主、俯视图，用几个相交剖切面将主视图改画为剖视图，将机件内部结构表达清楚（码 6-1-4）。

码 6-1 思考与练习

CHAPTER 7

第七章

产品设计制图实例

相关知识点

1. “按压式水性笔”零件图与装配图
2. 制图范例

能力目标

读装配图和拆画产品图样。

育人目标

根据产品的结构特点，培养学生发散思维，并设计制定科学合理的表达方案；分组拆装测绘，培养团队协作能力；充分认清图样表达失误可能产生的危害，增强质量责任意识。专注绘图细节和图面要求，突出工匠精神。

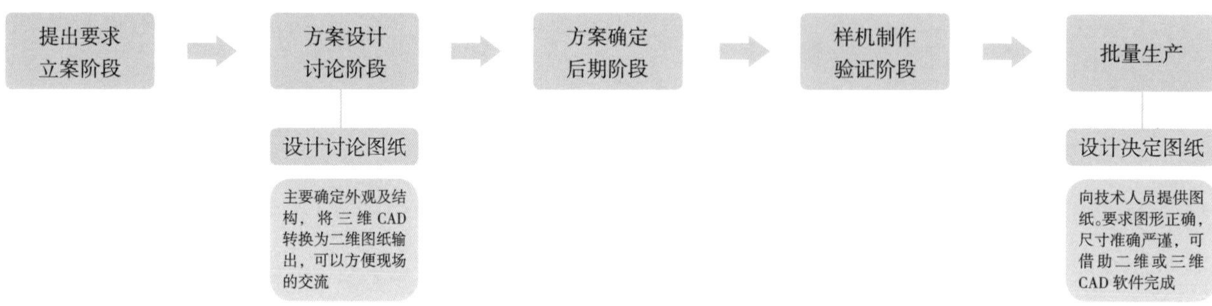

图 7-1 制图方式

工业设计制图分为以下两种：一种是在产品设计程序的设计讨论阶段，一般是设计师为方便现场的交流所绘制的图纸，可称作设计讨论图纸。另一种是在产品设计程序的批量生产阶段所画的图纸，一般是为技术人员提供的指导生产的零件图和装配图。（图 7-1）

第一节　“按压式水性笔”零件图与装配图

按压式水性笔图样按照生产要求绘制的零件图和装配图，并附有作图步骤，尺规作图和 CAD 作图步骤相同。但需要注意的是，尺规作图需要一开始就布画全局，中心线的位置一旦确定就不好再移动，所以一开始就要考虑好尺寸和六视图为位置。

一、效果图

按压式水性笔由弹簧、笔套、下笔杆、上笔杆、帽头、笔芯、滑爪和推杆八个零件组成，八个构件的装配关系及其内部结构如图 7-2 所示。水性笔的六视图，如图 7-3 所示。

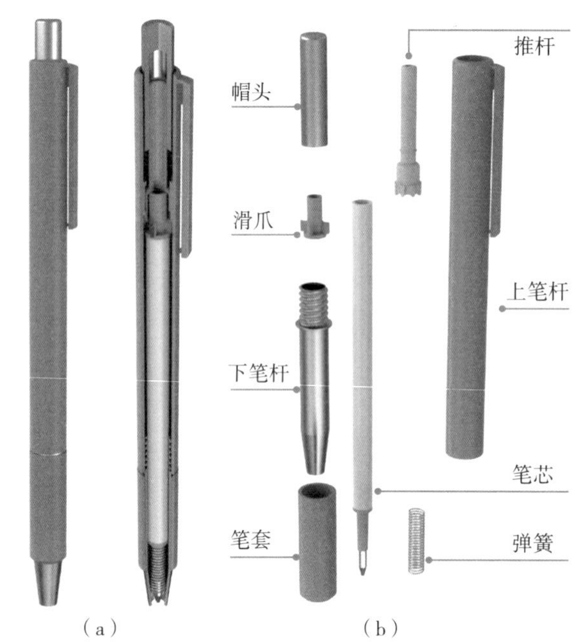

图 7-2 按压式水性笔效果图

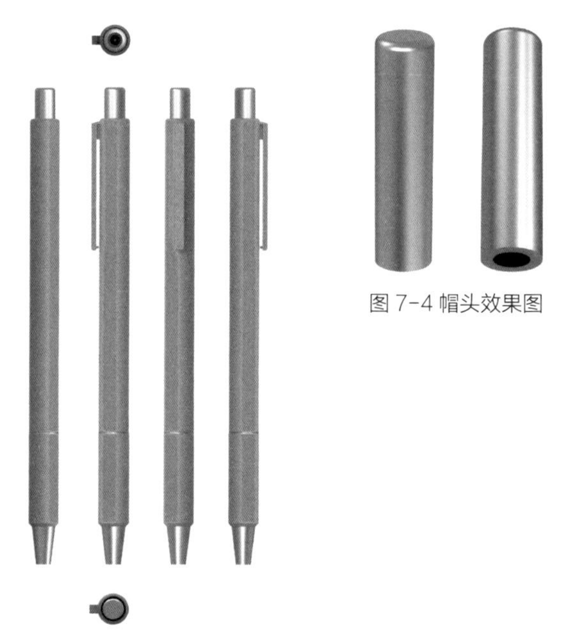

图 7-3 按压式水性笔六视图

图 7-4 帽头效果图

二、作图步骤

1. 帽头

按压式水性笔帽头，如图 7-4 所示。作图步骤如下：

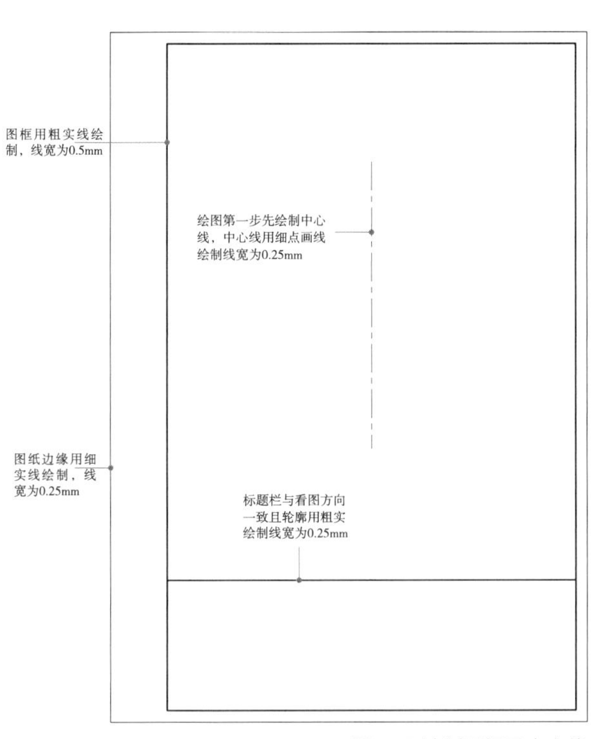

图 7-5 绘制图框及中心线

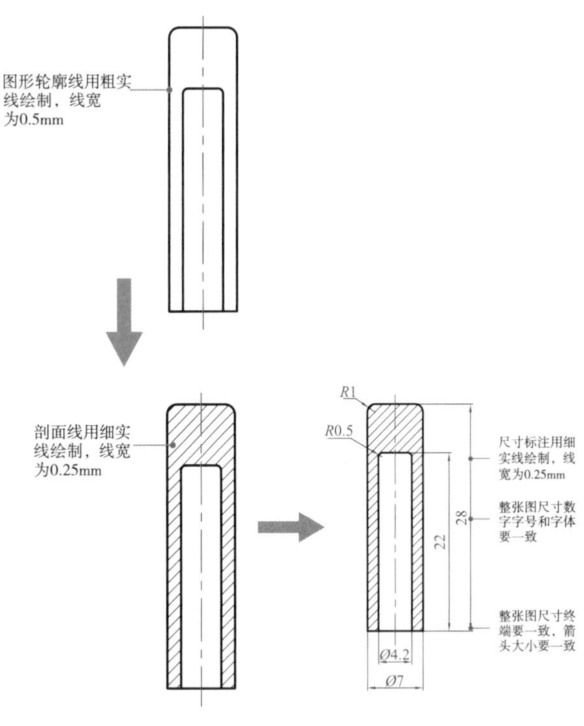

图 7-6 绘制零件视图

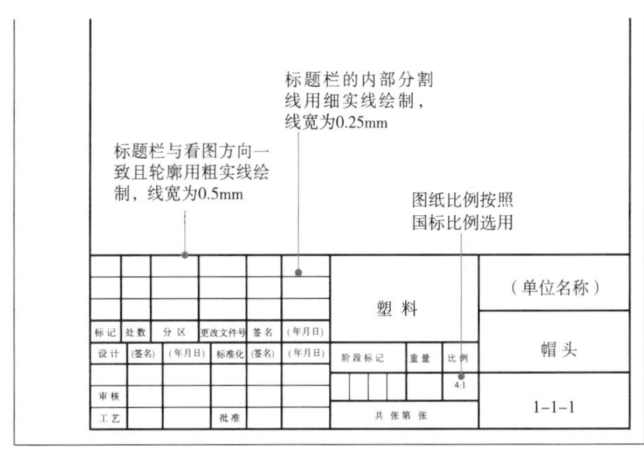

图 7-7 标题栏的绘制

（1）选择主视图，确定视图数量及表达方案。帽头外形为圆柱体内部结构，比较简单；主视图为全剖视图加尺寸标注即可表达清楚。

（2）确定比例及图纸幅面。比例的确定和图纸幅面的选择是根据图形在图纸中的布局来确定的。选用 1 ∶ 1 绘图最佳，如不能使用 1 ∶ 1 比例进行绘图可根据国家《机械制图》标准中推荐的比例选择放大比例或缩小比例。零件图一般选用 A4 或 A3 图纸，一般 A4 图纸竖向绘图，A3 图纸一般采用横向绘图。帽头尺寸较小不适合采用 1 ∶ 1 进行绘制，故选择放大比例，采用 A4 图纸幅面绘图。

（3）确定绘图区域。先用细实线绘制图纸边缘，再用粗实线绘制图框及标题栏轮廓线，如果使用尺规作图图纸边缘无需绘制。

（4） 绘制中心线。中心线是确定视图在图纸中位置的，所以绘制图形的第一步是绘制中心线。在绘图区域适当位置绘制一条中心线，中心线线型为细点画线，如图 7-5 所示。

（5） 绘制零件视图。根据中心线的位置绘制视图，检查并加深轮廓，同时标注所有零件尺寸，如图 7-6 所示。

（6） 绘制标题栏，如图 7-7 所示。

（7） 零件图绘制完成，如图 7-8 所示。

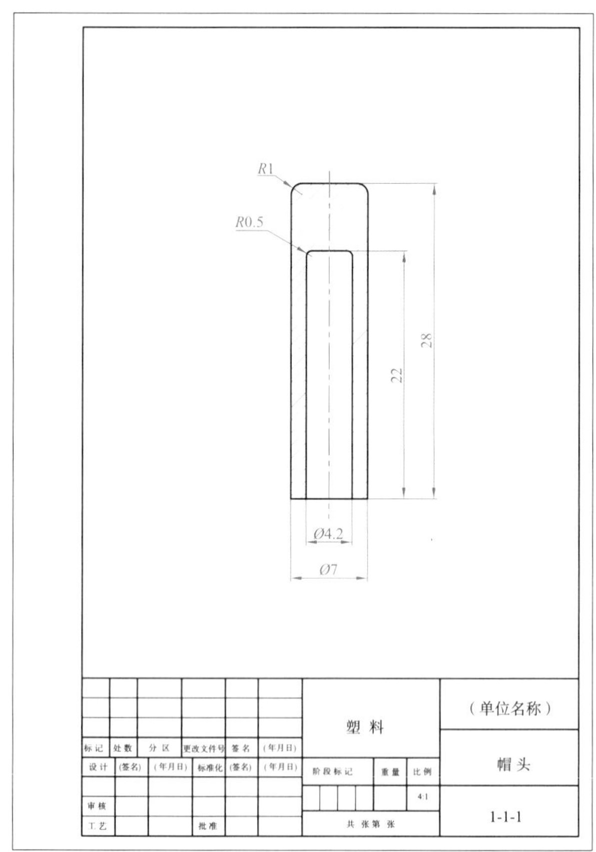

图 7-8 帽头零件图

2. 上笔杆

上笔杆效果图如图 7-9 所示。作图步骤如下：

（1）选择主视图，确定视图个数及表达方案。上笔杆需要用四个基本视图表达外形，一个全剖视图和一个断面图及展开图表达内部结构，一个局部放大图表达细节。

（2） 确定比例及图纸幅面。

（3） 绘制中心线确定布局。上笔杆需要多个视图进行表达，中心线位置的确定尤为重要，如图 7-10 所示。

（4） 绘制图形轮廓。根据中心线的位置绘制“长对正、高平齐、宽相等”的辅助线，再根据图形尺寸及绘制比例用细实线绘制图形轮廓，表达无误后再用粗实线加深，如图 7-11 所示。

图 7-9 上笔杆

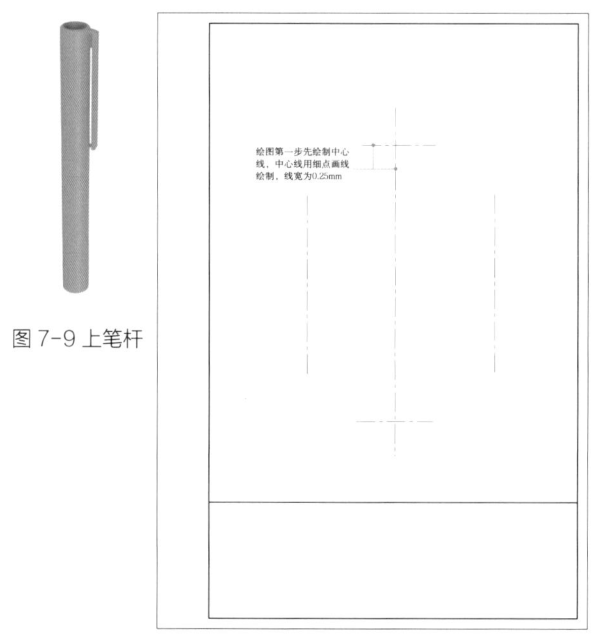

图 7-10 绘制中心线

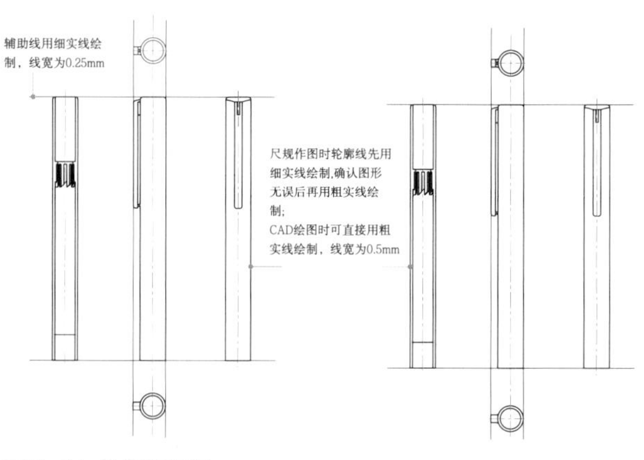

图 7-11 绘制零件图

（5）绘制其他视图，如图 7-12 所示。

（6）标注尺寸，如图 7-13 所示。

（7）零件图绘制完成，如图 7-14 所示。

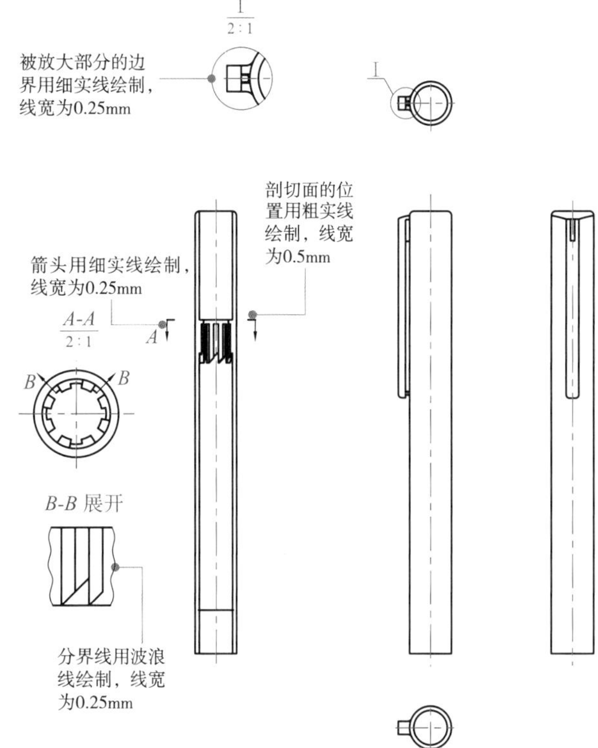

图 7-12 绘制其他视图

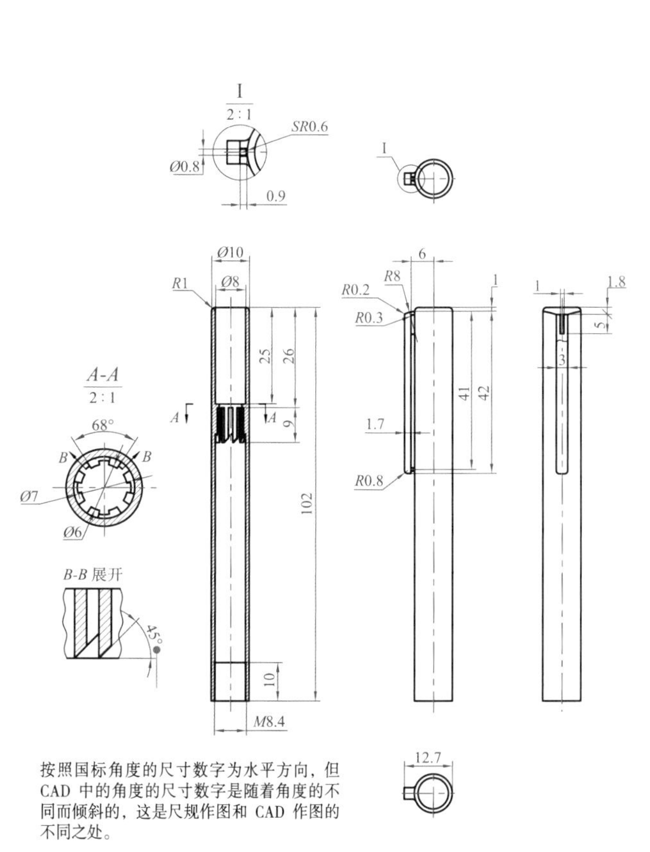

按照国标角度的尺寸数字为水平方向，但 CAD 中的角度的尺寸数字是随着角度的不同而倾斜的，这是尺规作图和 CAD 作图的不同之处。

图 7-13 尺寸标注

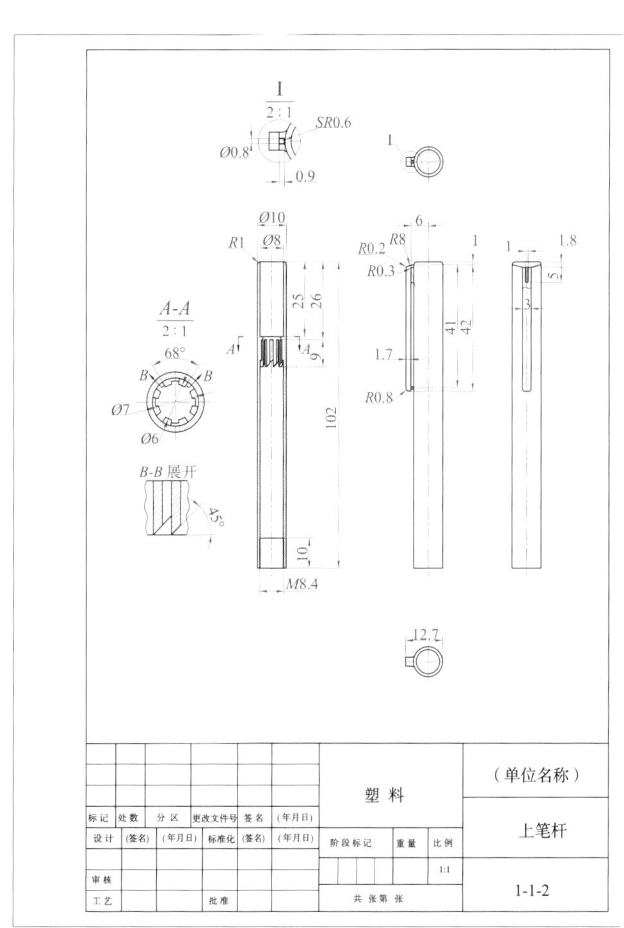

图 7-14 上笔杆零件图

3. 下笔杆

下笔杆效果图，如图 7-15 所示。作图步骤：

（1）选定视图方案；

（2）选比例定幅面；

（3）绘中心画视图；

（4）注写尺寸完成图纸如图 7-16 所示。

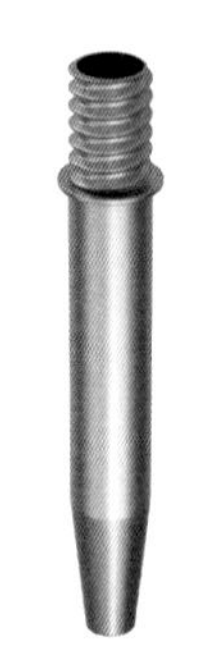

图 7-15 下笔杆

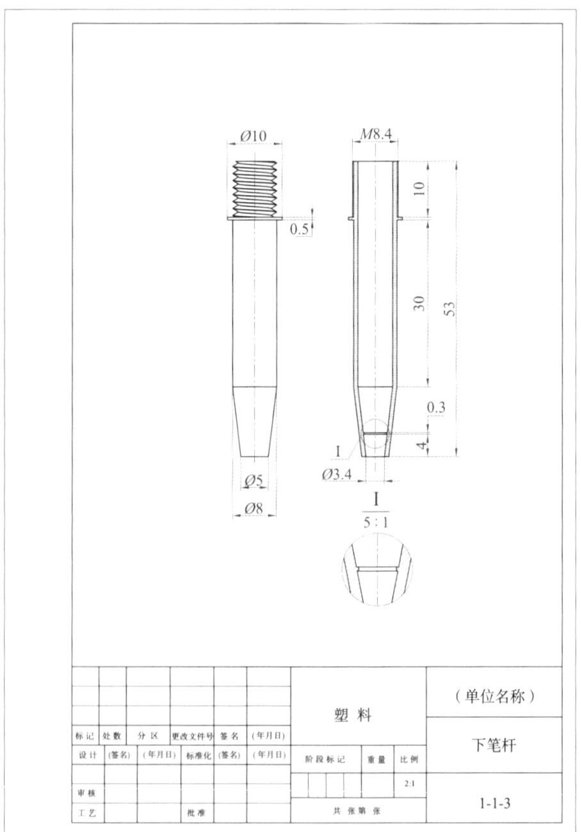

图 7-16 下笔杆零件图

4. 推杆

推杆效果图如图 7-17 所示。作图步骤同下笔杆最终零件图，如图 7-18 所示。

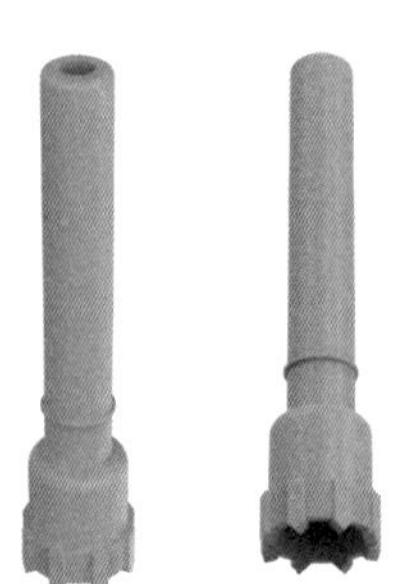

图 7-17 推杆

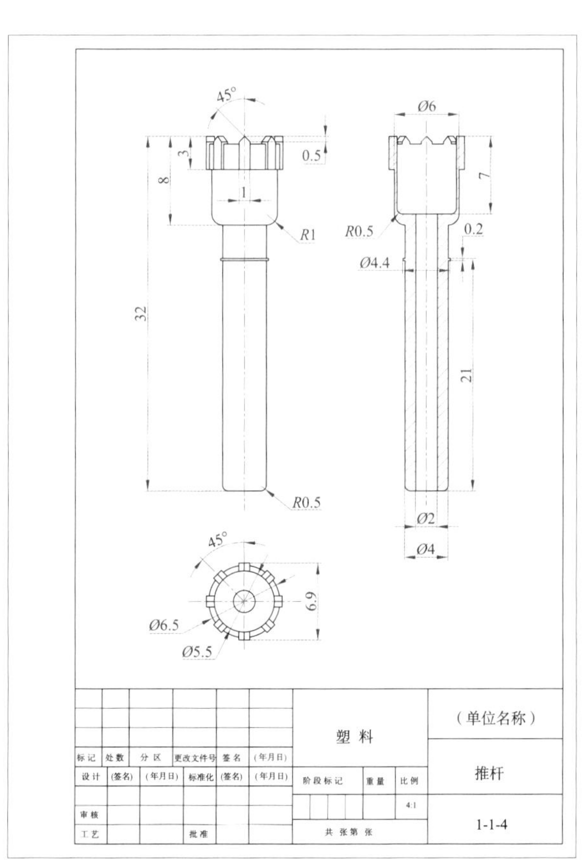

图 7-18 推杆零件图

5. 滑爪

滑爪效果图如图 7-19 所示。作图步骤同下笔杆，滑爪最终零件图如图 7-20 所示。

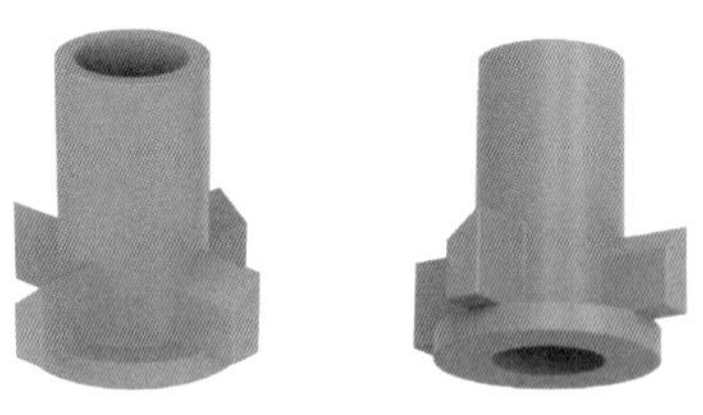

图 7-19 滑爪

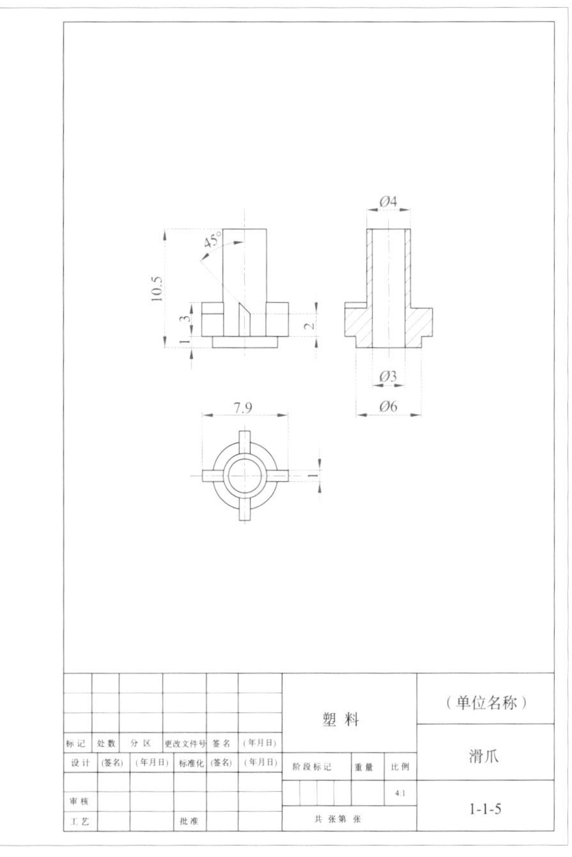

图 7-20 滑爪零件图

6. 弹簧

滑弹簧效果图如图 7-21 所示。作图步骤同下笔杆，弹簧最终零件图如图 7-22 所示。

图 7-21 弹簧

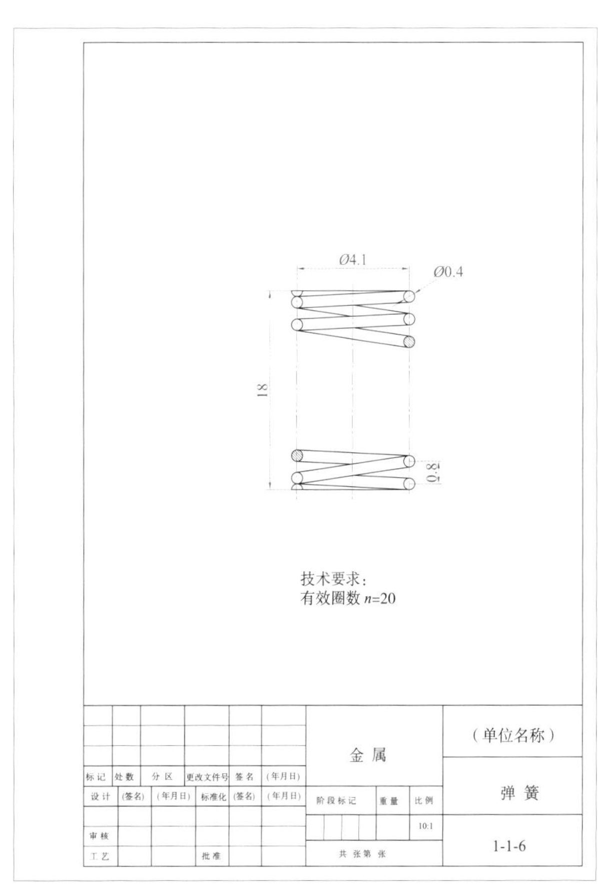

图 7-22 弹簧零件图

7. 笔套

笔套效果图如图 7-23 所示。作图步骤同下笔杆，笔套最终零件图如图 7-24 所示。

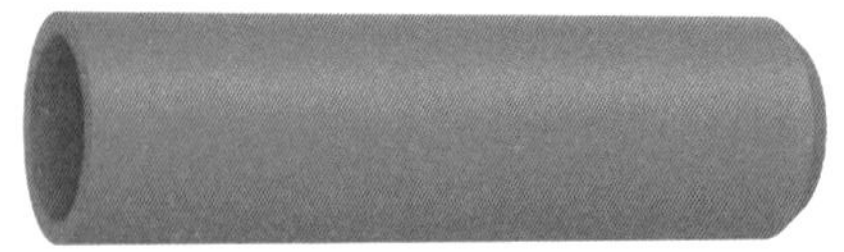

图 7-23 笔套零件图

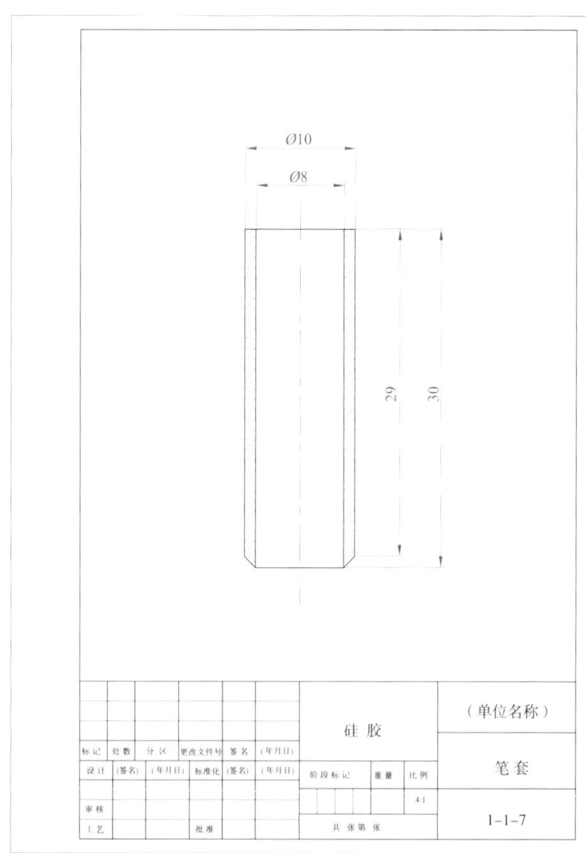

图 7-24 笔套零件图

8. 笔芯

笔芯效果图如图 7-25 所示。作图步骤同下笔杆，笔芯最终零件图如图 7-26 所示。

图 7-25 笔芯

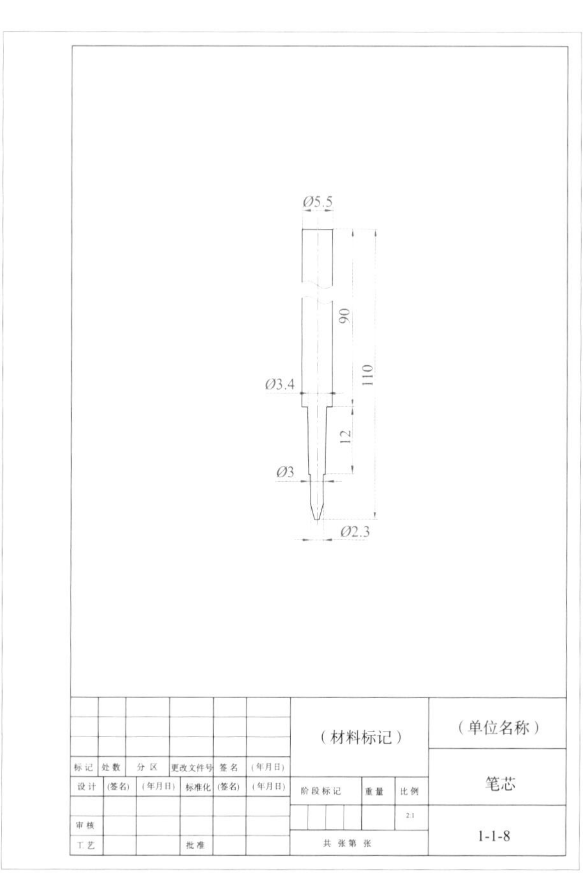

图 7-26 笔芯零件图

9. 按压式水性笔装配图

按压式水性笔外观六视图如图 7-3 所示。作图步骤如下：

（1）确定图纸幅面：根据给出的零件图，选定幅面和比例，合理布局图面；

（2）确定主视图投射方向并确定视图数量，绘制中心线和各视图基准线，如图 7-27 所示；

（3）绘制视图：绘制基本视图、其他各视图、剖视图、断面图等；

（4）进行必要的尺寸标注、编排序号及技术要求，填写明细表，如图 7-28 所示。

（5）检查并加深轮廓，完成按压式水性笔装配图的绘制，如图 7-29 所示。

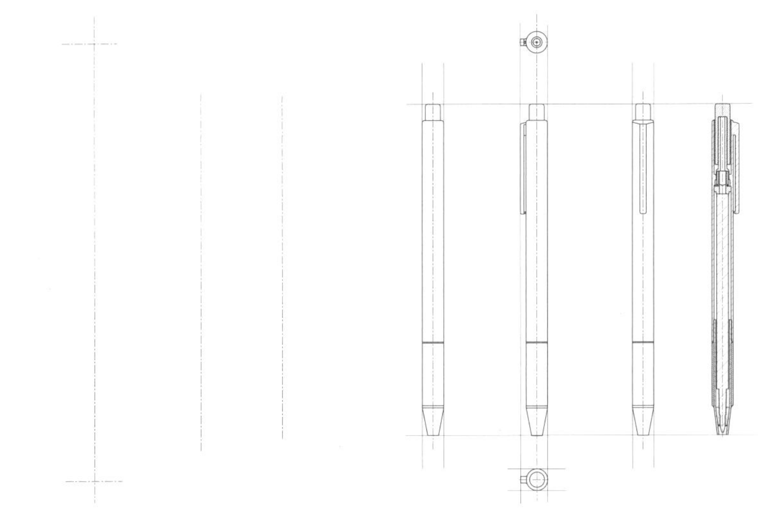

图 7-27 绘制中心线及视图

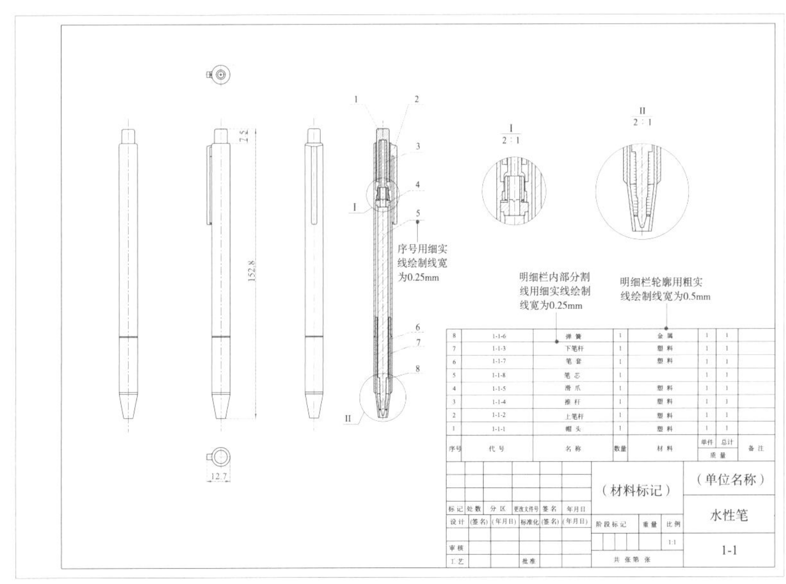

图 7-28 装配图序号与明细表

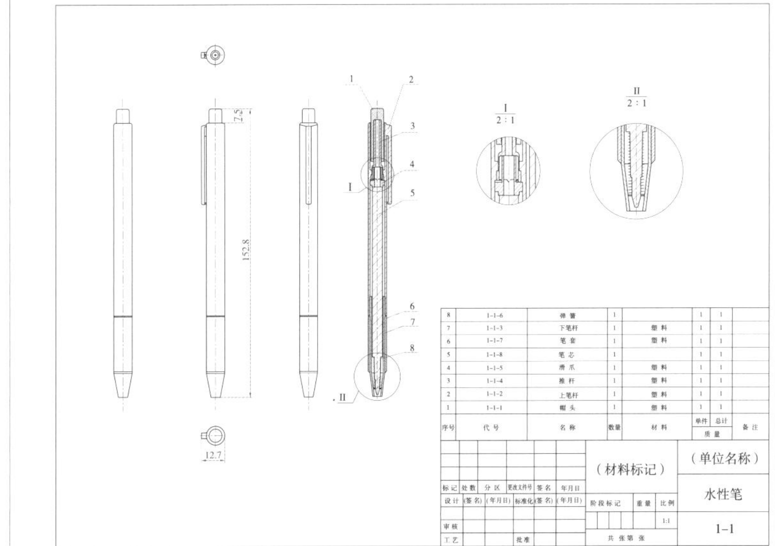

图 7-29 按压式水性笔装配图

码 7-1 “按压式水性笔”零件图与装配图

第二节 制图范例

设计制图的主要目的是对产品造型进行设计表达。因此,本范例图仅对产品设计外观进行表现,对内部构造和附属零部件等做了省略或局部表现。此外，由于采用了造型设计表达优先的思路进行制图，因此，局部细节也会出现一些尺寸不足或不太符合机械制图规范之处，但是整体上都是基于制图标准的而绘制的。制图范例均采用二维工程绘图软件 AutoCAD 作图，但无论是用尺规在纸面上作图，还是用电脑辅助设计制图，其步骤与思路是一致的。本章的大作业也是对现有产品进行拆装、测绘并绘制产品的总装图样，图 7-30 即为产品各部拆装图。

产品的造型设计是由内而外的，先确定结构再确定造型，而不同的材料和不同的加工工艺产品的结构各不相同，本范例为不同的材料和加工工艺的产品。

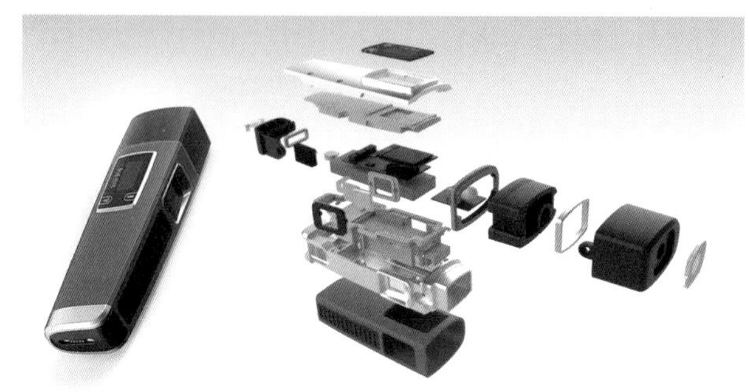

图 7-30 拆装产品

一、电脑机箱

机箱大部分为钣金件，即使用钢板折弯加工而成的箱体，外观造型有较多的斜角，为了便于拆卸，箱体侧板与主体用螺栓和卡扣进行连接。

钣金件在大型装备机床、汽车、机柜类产品、大型家电类产品、笔记本电脑、电脑机箱、手机等产品设计中占有较大比重。由于钣金件的独特成型工艺导致其不能制出复杂的造型，其主要分为冲压件、弯折件、拉深件三大类，在拓展学习中主要了解三大类钣金件的结构设计要点、表面处理、连接方式等。

1. 效果图

如电脑机箱效果图，图 7-31 所示。

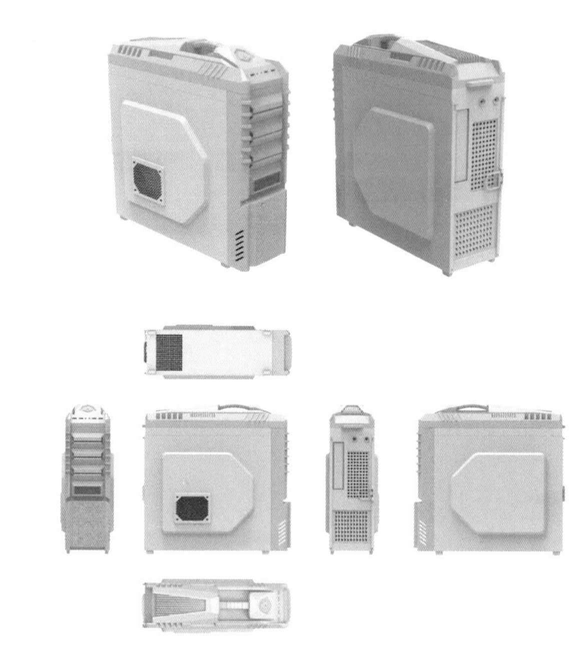

图 7-31 电脑机箱效果图

2. 电脑机箱部分图纸

电脑机箱总装图样的局部，如图 7-32 至图 7-37 所示。

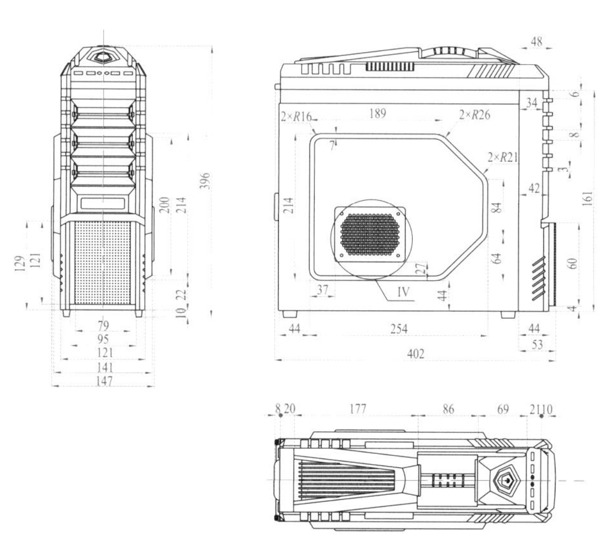

图 7-32 电脑机箱局部图（1）

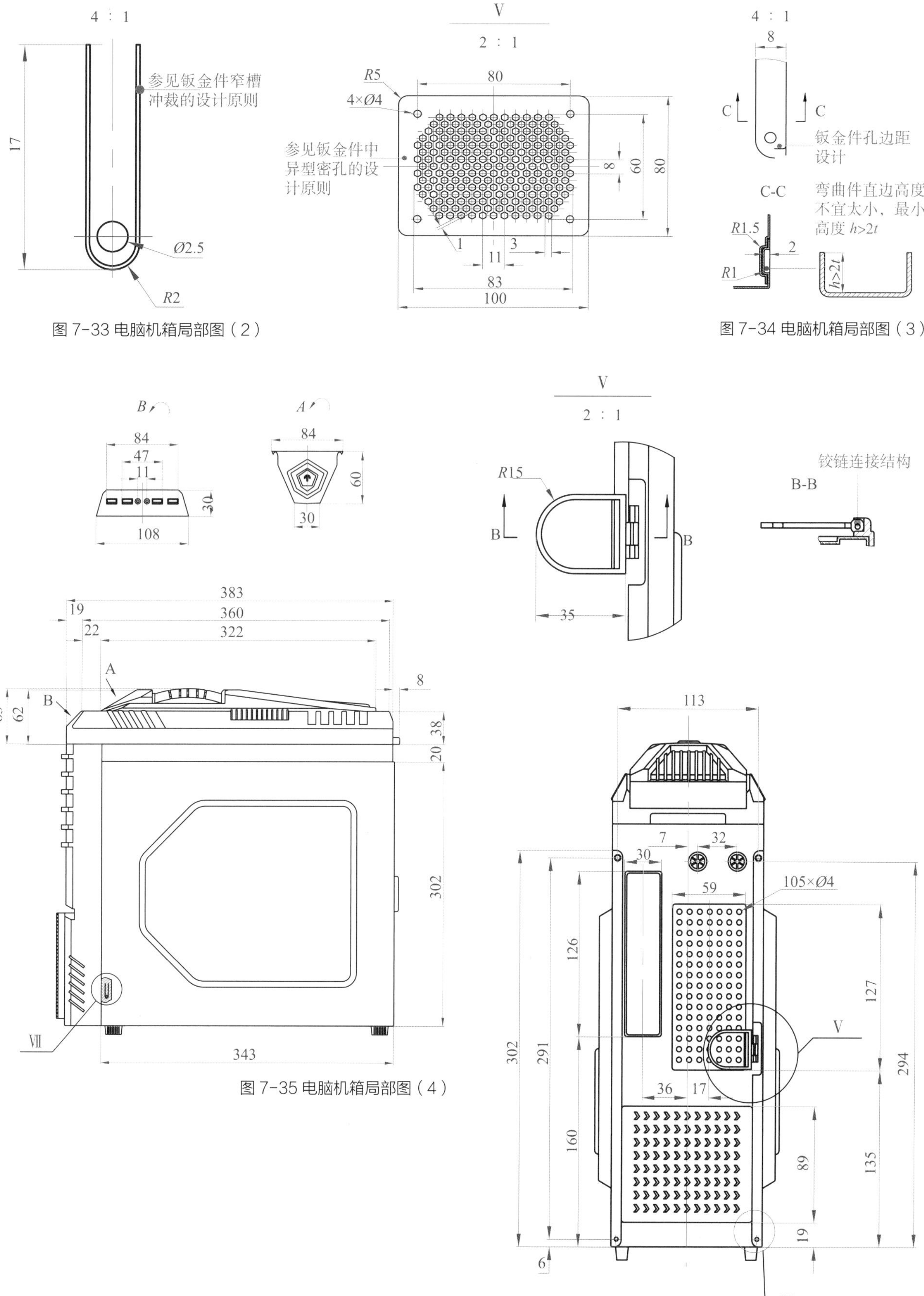

图 7-33 电脑机箱局部图（2）

图 7-34 电脑机箱局部图（3）

图 7-35 电脑机箱局部图（4）

图 7-36 电脑机箱局部图（5）

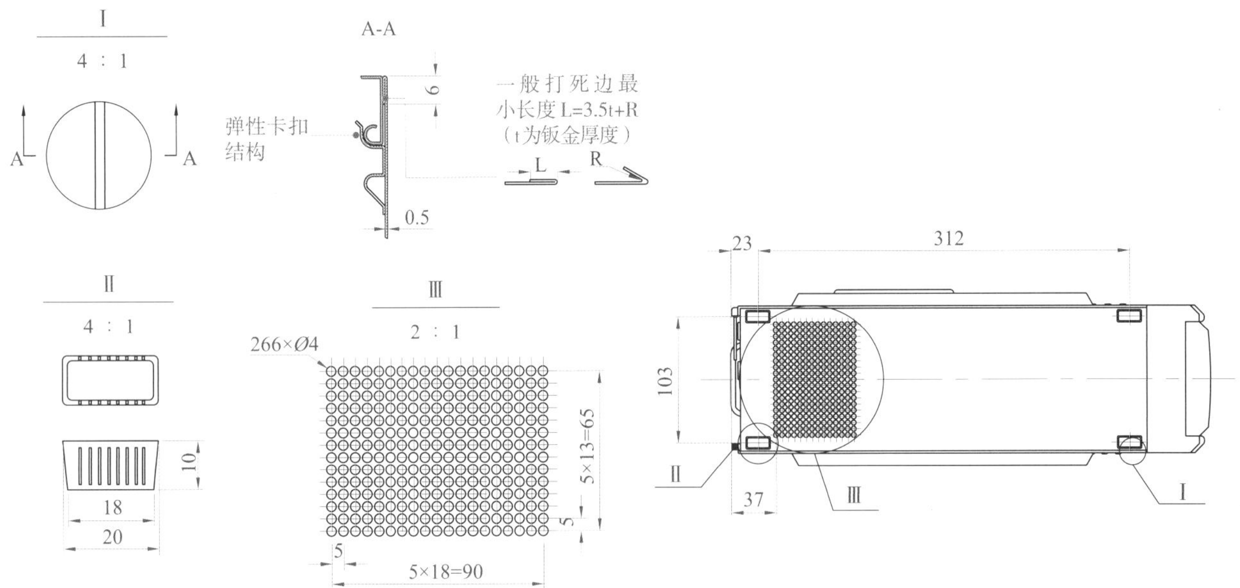

图 7-37 电脑机箱局部图（6）

码 7-2 电脑机箱制图范例

3. 电脑机箱总装图样

电脑机箱总装图样，如图 7-38 所示。

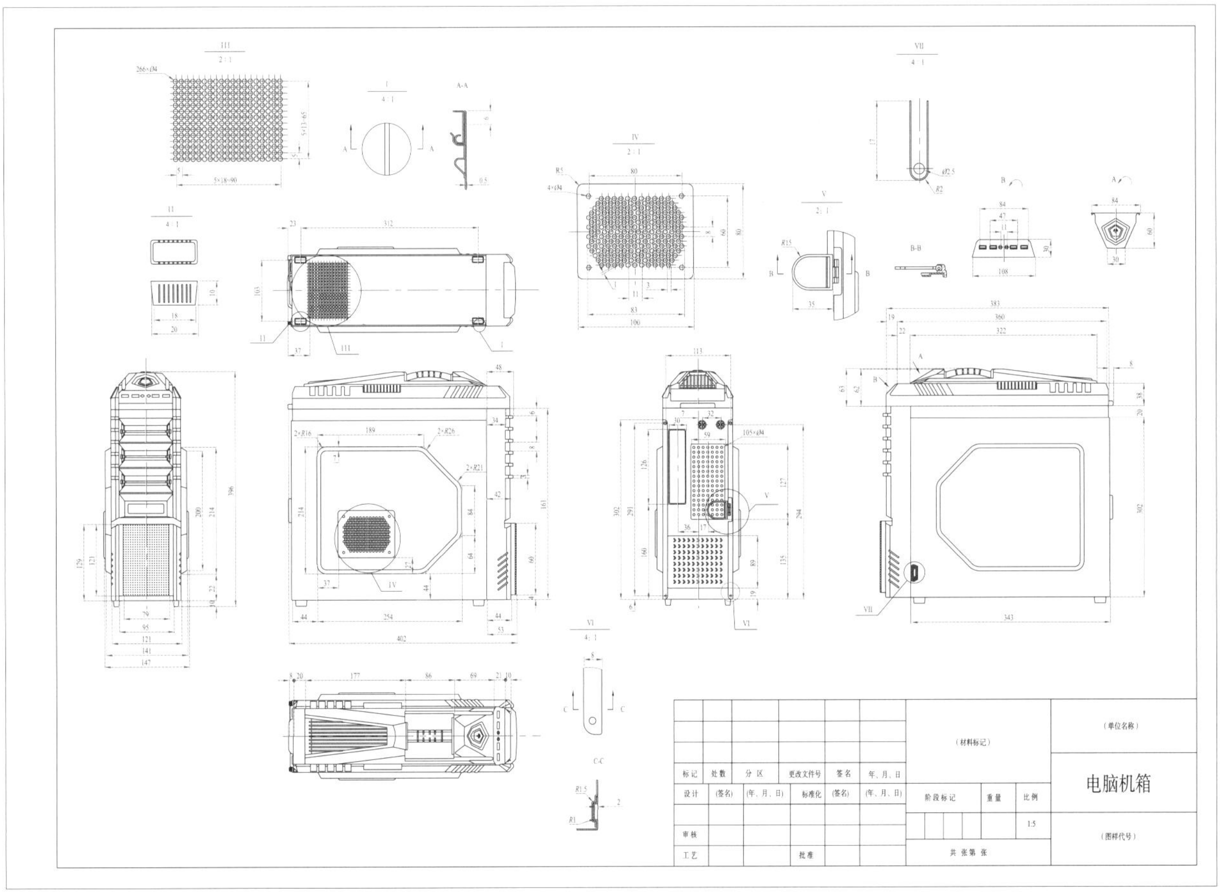

图 7-38 电脑机箱总装图样

二、显微镜

显微镜主体为金属铸件。金属铸件在产品设计中也占有一席之地，如在门把手、灯具、家具、艺术品等上都能见到金属铸件的身影。铸造也是产品设计中金属材料重要的加工工艺之一。铸造可按金属液的浇注工艺分为重力铸造和压力铸造。重力铸造是指金属液在地球重力作用下注入铸型的工艺。重力铸造包括砂型浇铸、金属型浇铸、熔模铸造、消失模铸造、泥模铸造等；狭义的重力铸造专指金属型浇铸。压力铸造是指金属液在其他外力作用下注入铸型的工艺。压力铸造包括压铸机的压力铸造和真空铸造、低压铸造、离心铸造等；狭义的压力铸造专指压铸机的金属型压力铸造，简称压铸。在拓展学习中主要了解金属铸件的结构设计：包括壁厚、脱模斜度、加强筋、铸孔、嵌件等。

1. 效果图

显微镜的效果图，如图 7-39 所示。

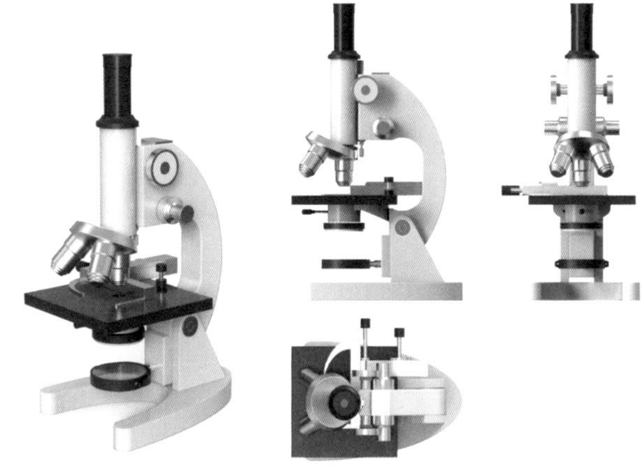

图 7-39 显微镜效果图

2. 显微镜部分图纸

显微镜总装图样的局部，如图 7-40 至图 7-43 所示。

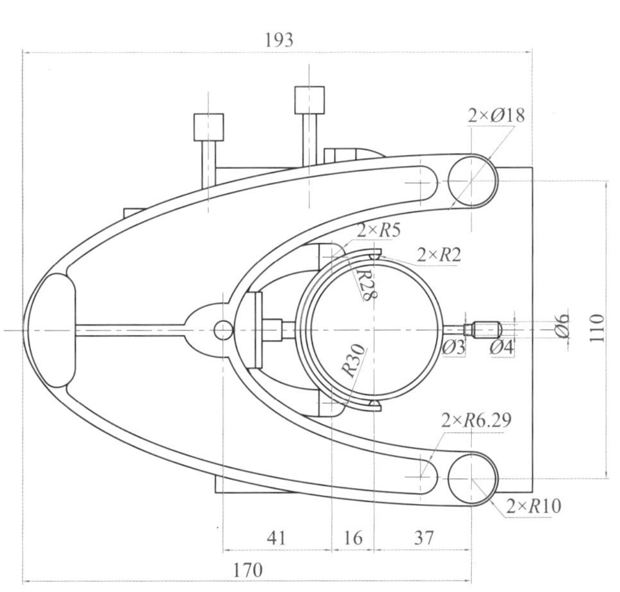

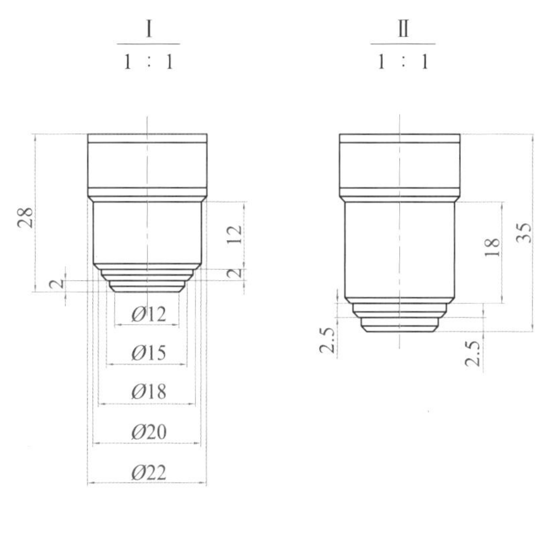

图 7-40 显微镜局部图（1）

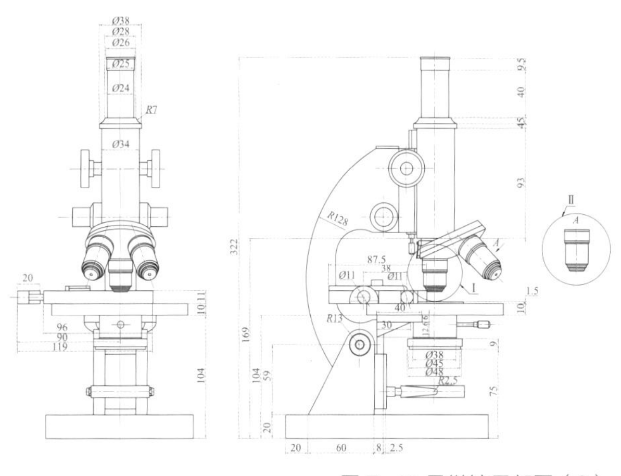

图 7-41 显微镜局部图（2）

码 7-3 显微镜制图范例

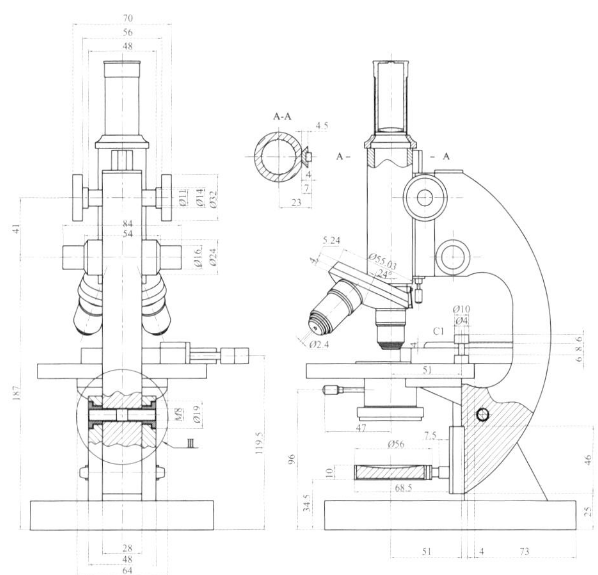

图 7-42 显微镜局部图（3）

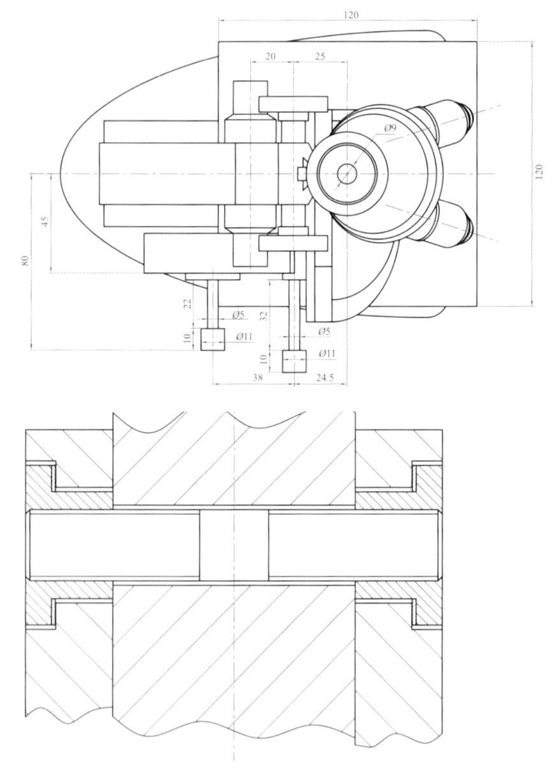

图 7-43 显微镜局部图（4）

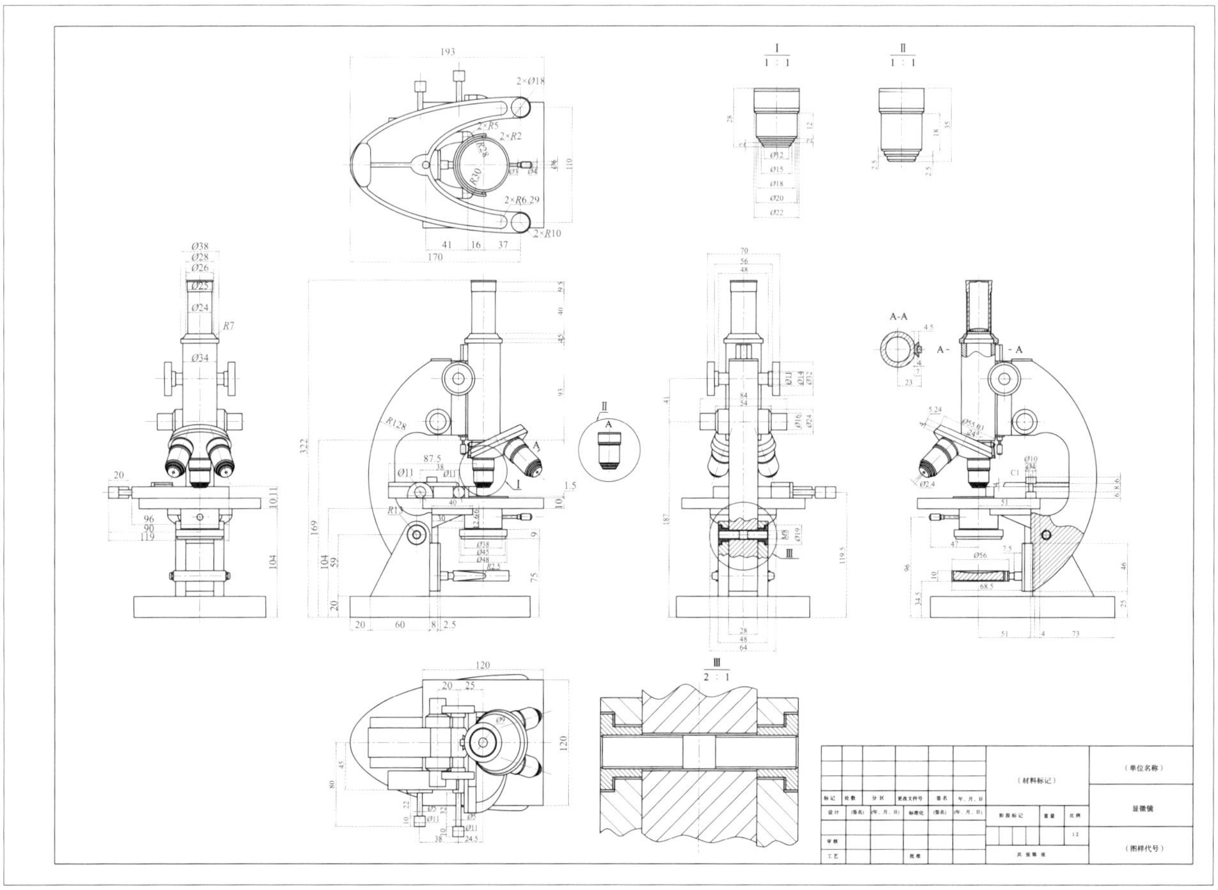

3. 显微镜总装图样

显微镜总装图样如图 7-44 所示。

图 7-44 显微镜总装图样

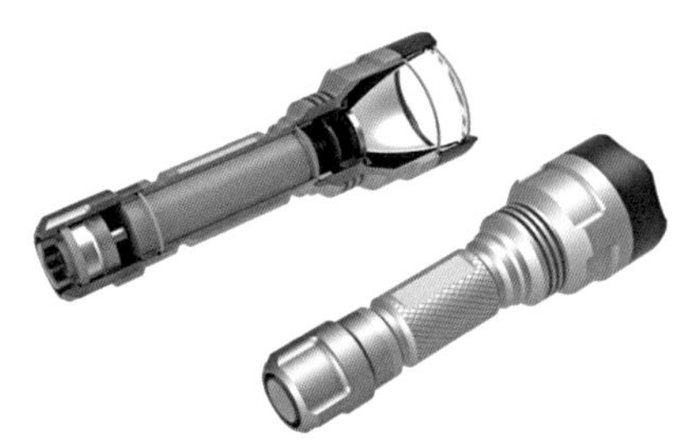

三、手电筒

手电筒主体为金属机械加工件如图 7-45 所示，金属机械加工主要包括车削、钻削、铣削、刨削、磨削、激光切割、CNC 加工等，在拓展学习中主要了解各种机加工的结构设计要点，尤其是在产品设计中最为常见的 CNC 加工等。

图 7-45 手电筒效果图

1. 效果图

手电筒效果图，如图 7-45 所示。

2. 部分图纸

手电筒总装图样的局部，如图 7-46 至图 7-49 所示。

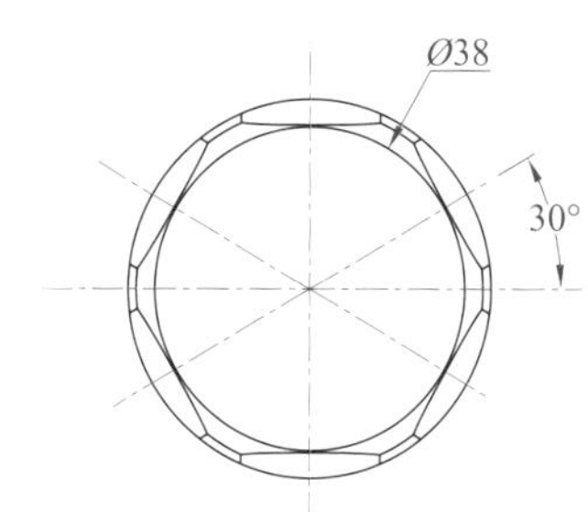

图 7-46 手电筒局部图（1）

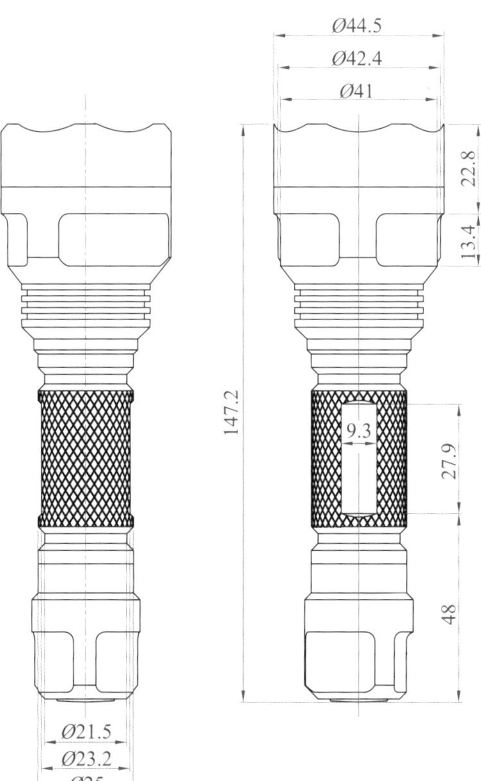

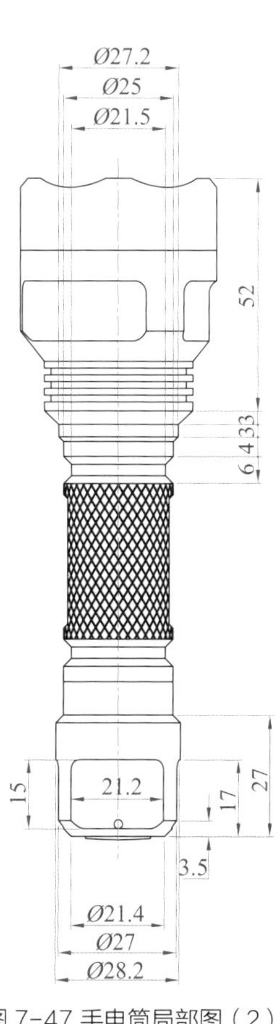

图 7-47 手电筒局部图（2）

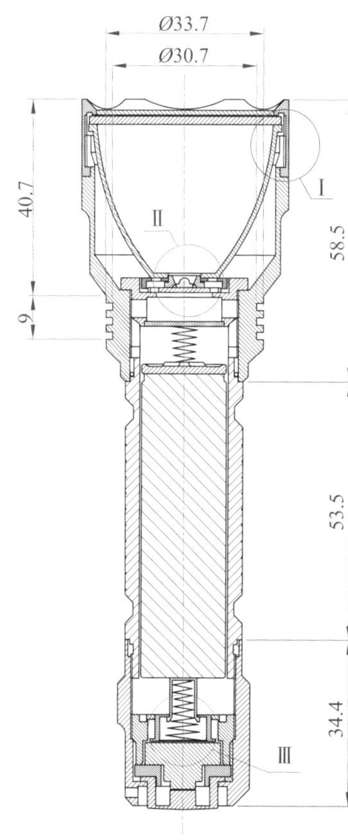

图 7-48 手电筒局部图（3）

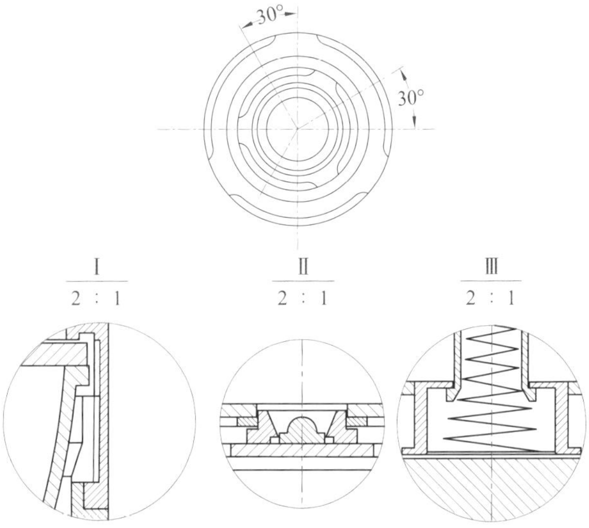

图 7-49 手电筒局部图（4）

3. 总装图样

手电筒总装图样如图 7-50 所示。

码 7-4 手电筒制图范例

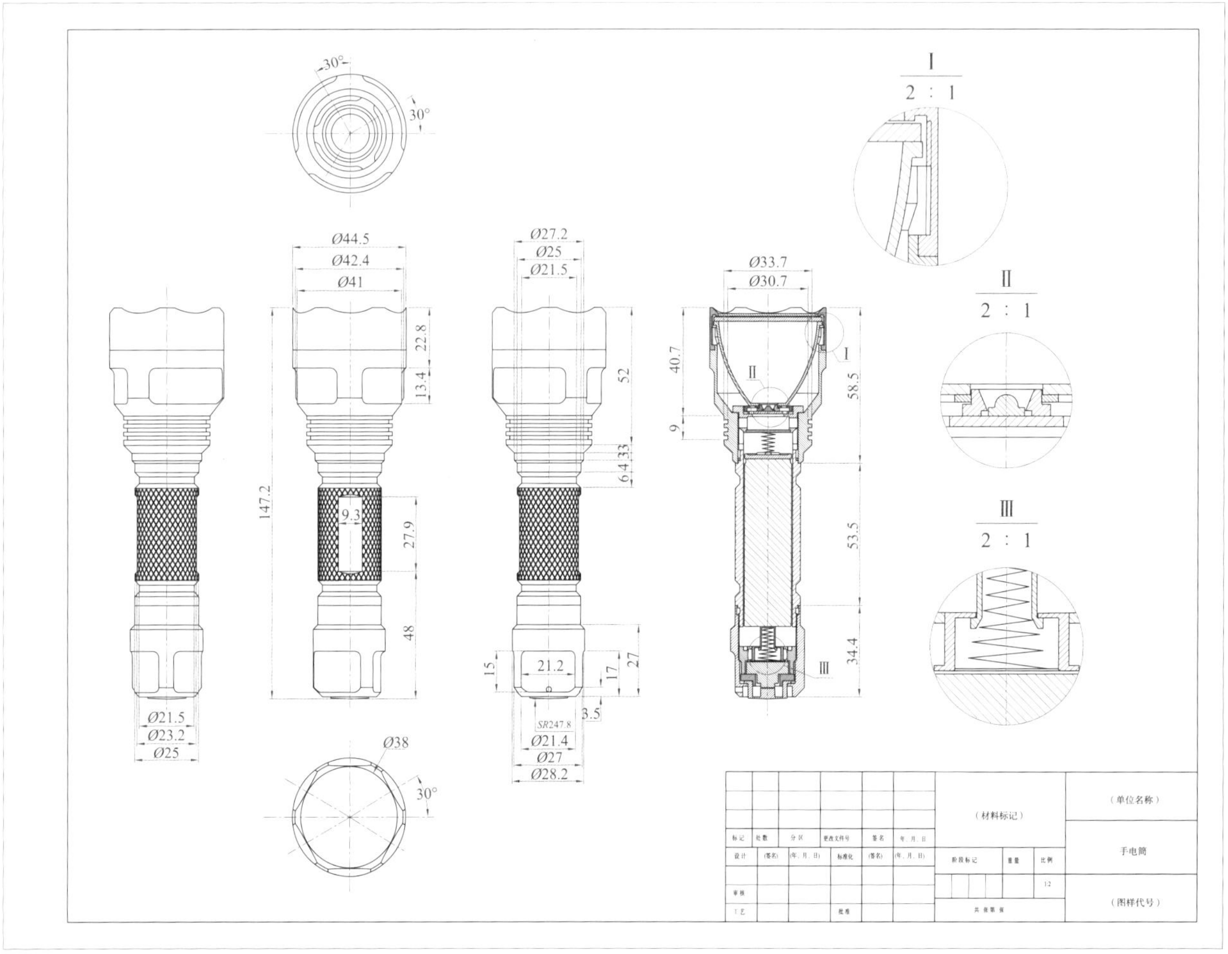

图 7-50 手电筒总装图样

塑料是产品设计中最常见的材料，注塑是塑料加工成型最为普遍的生产工艺。塑料注塑件的结构设计包括：壁厚、加强筋、凸台、脱模斜度、螺纹、嵌件等。下面四个范例中都是塑料注射件，但不同类别产品结构侧重点有所不同。

四、卷笔刀

卷笔刀为办公用品类，主体为塑料注塑件，在拓展学习中主要了解塑料注塑件结构设计。

1. 效果图

卷笔刀效果图，如图 7-51 所示。

2. 卷笔刀部分图纸

卷笔刀总装图样的局部，如图 7-52 至图 7-54 所示。

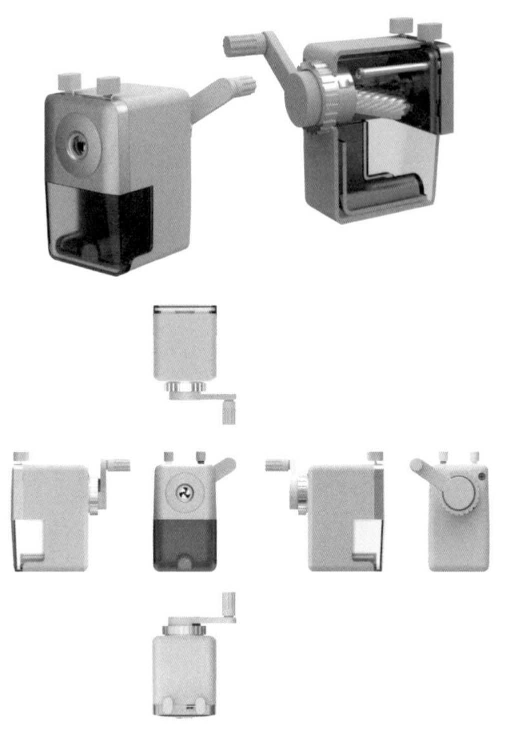

图 7-51 卷笔刀效果图

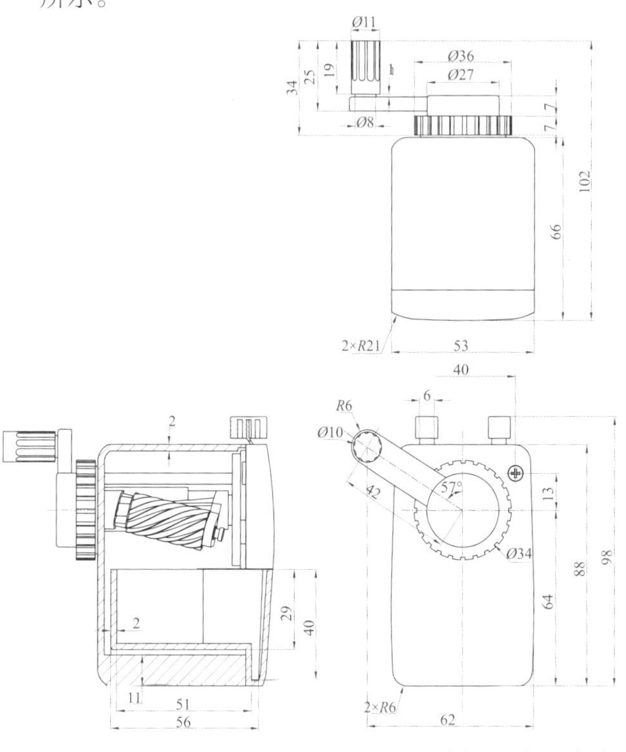

图 7-52 卷笔刀局部图（1）

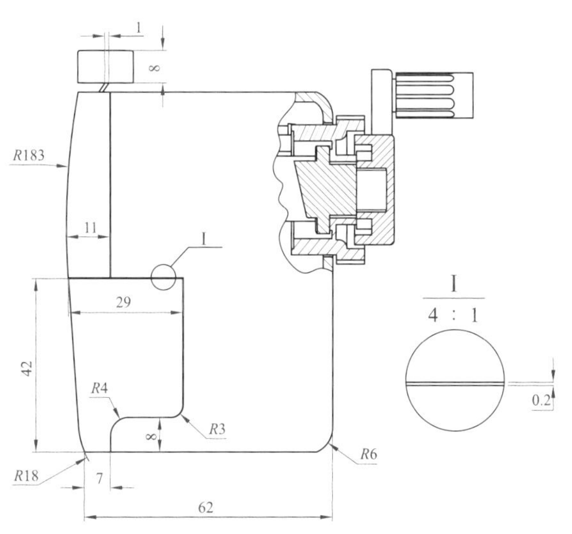

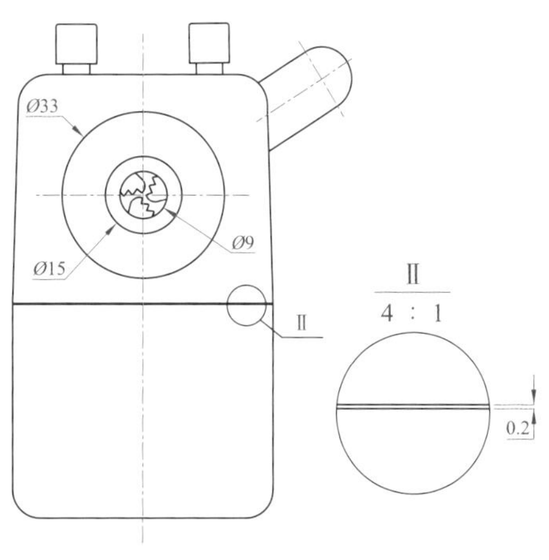

图 7-53 卷笔刀局部图（2）

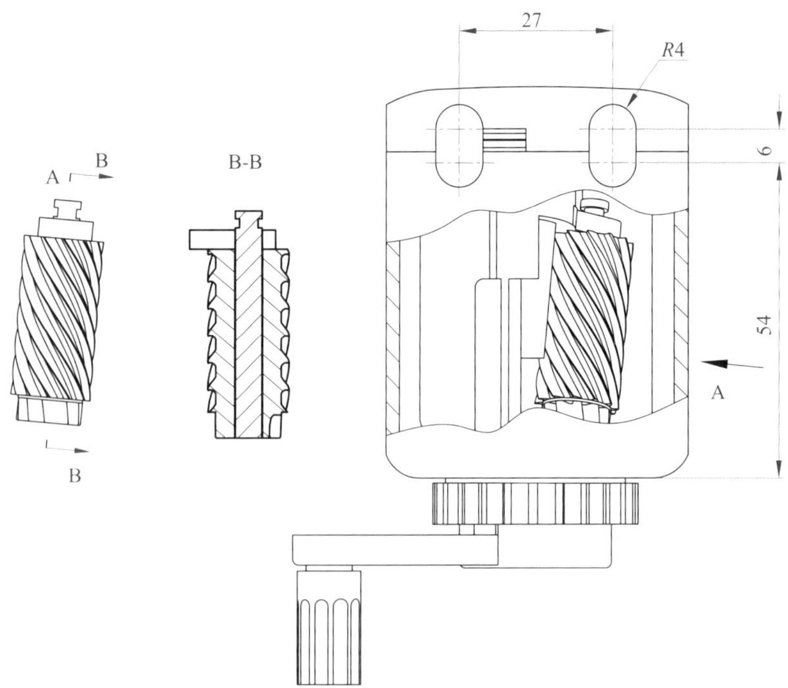

图 7-54 卷笔刀局部图（3）

码 7-5 卷笔刀制图范例

3. 卷笔刀总装图样

卷笔刀总装图样如图 7-55 所示。

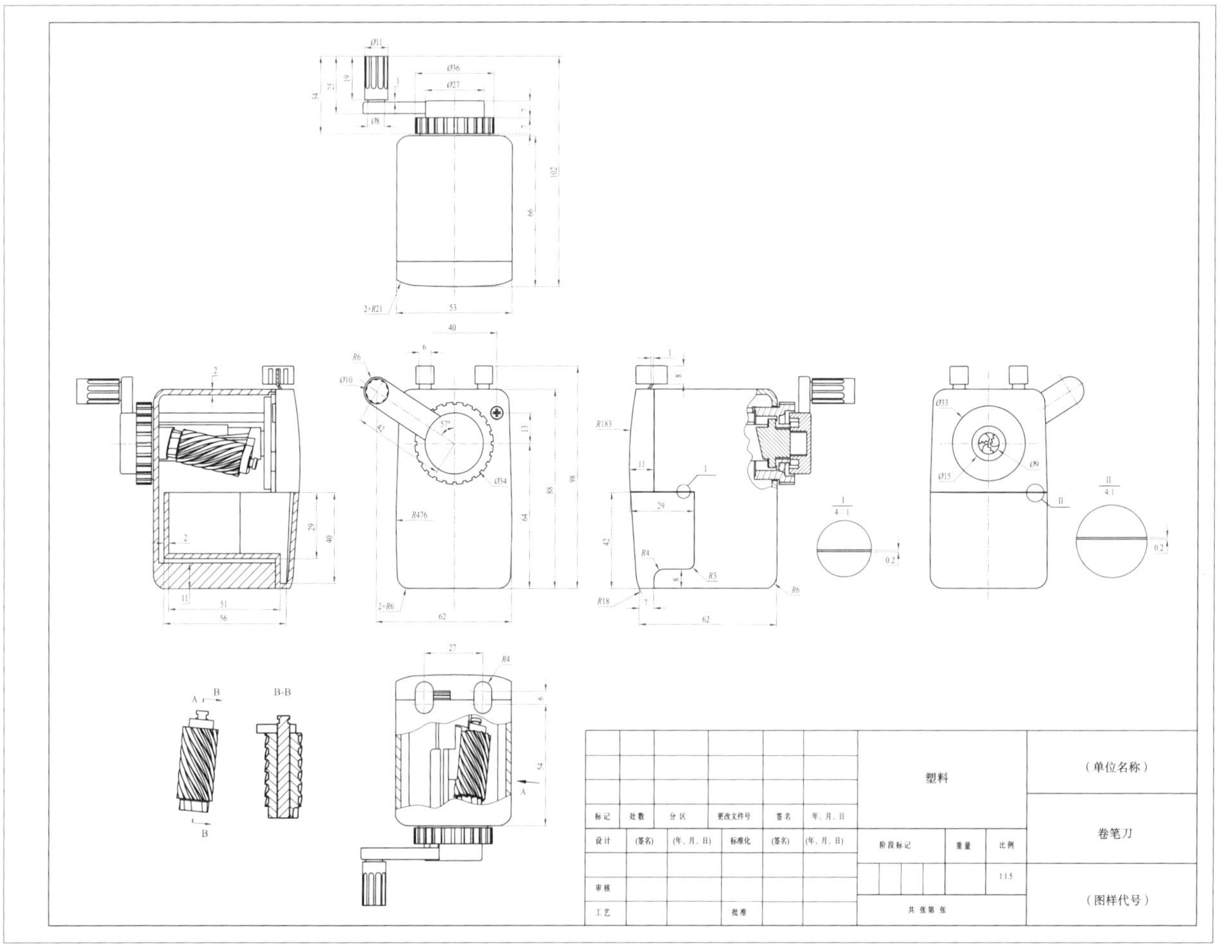

标记	处数	分区	更改文件号	签名	年、月、日	塑料				(单位名称)
设计	(签名)	(年、月、日)	标准化	(签名)	(年、月、日)	阶段标记	重量	比例		卷笔刀
审核								1:1.5		(图样代号)
工艺			批准			共 张 第 张				

图 7-55 卷笔刀总装图样

五、播放器

播放器以塑料注塑件为主，在拓展学习中重点了解屏幕与壳体连接结构、按键与壳体连接结构、表面工艺以及塑料注塑件的其他结构设计。

图 7-56 播放器效果图

1. 效果图

播放器产品效果图，如图 7-56 所示。

2. 部分图纸

播放器总装图样的局部，如图 7-57 至图 7-60 所示。

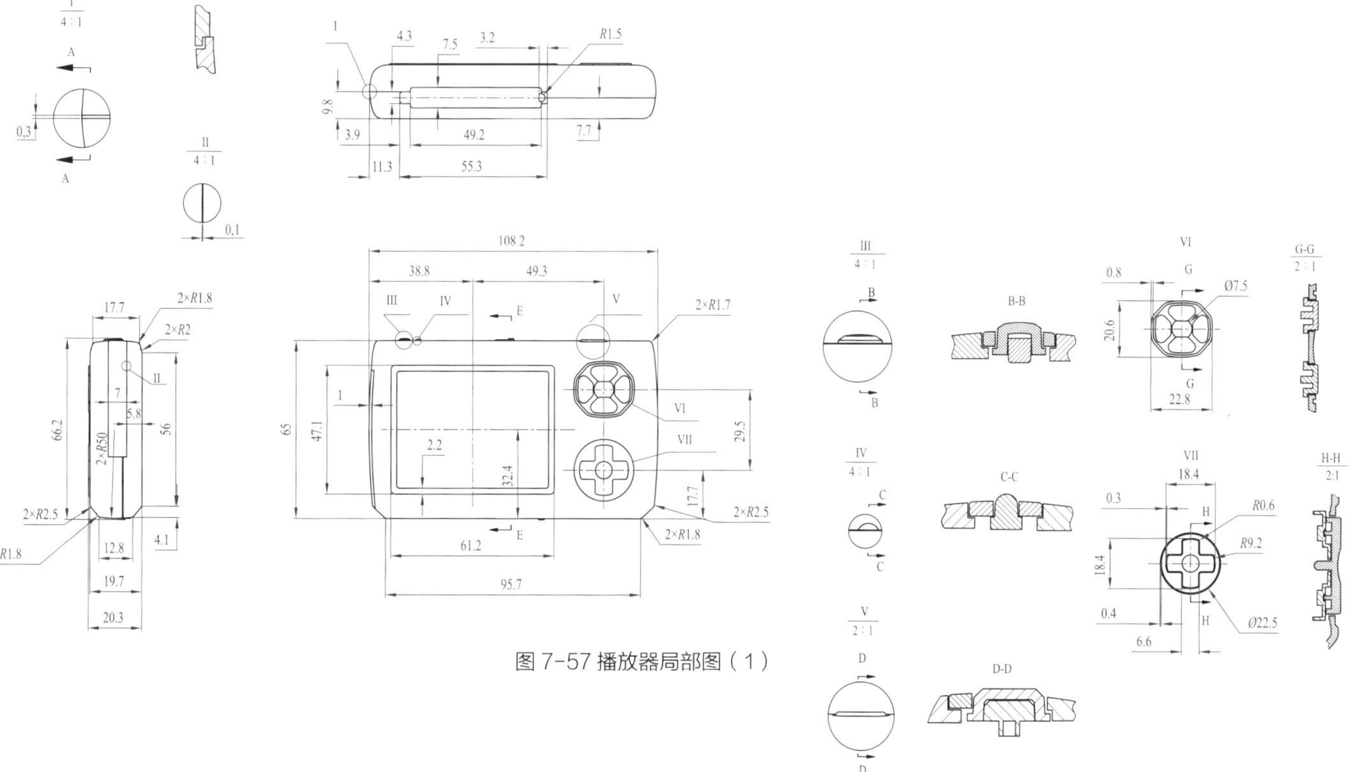

图 7-57 播放器局部图（1）

图 7-58 播放器局部图（2）

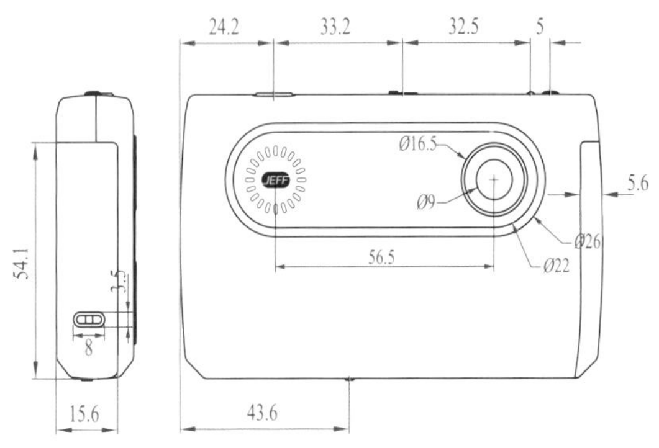

图 7-59 播放器局部图（3）

3. 总装图样

播放器总装图样，如图 7-61 所示。

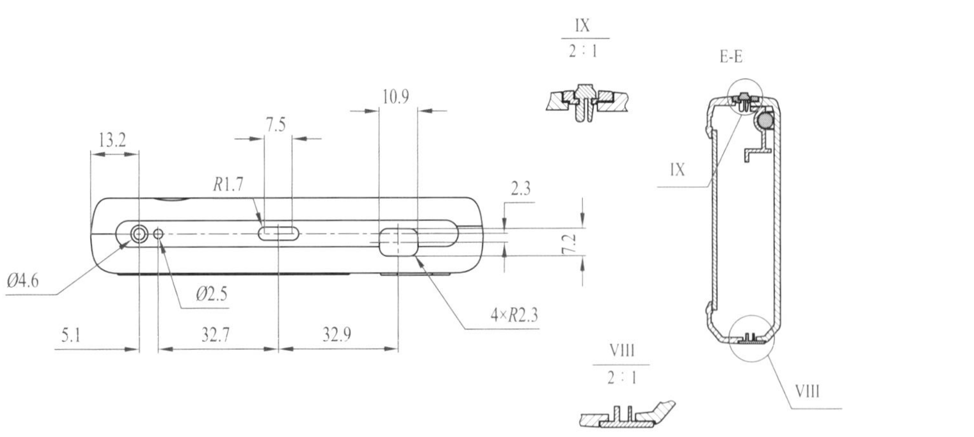

图 7-60 播放器局部图（4）

码 7-6 播放器制图范例

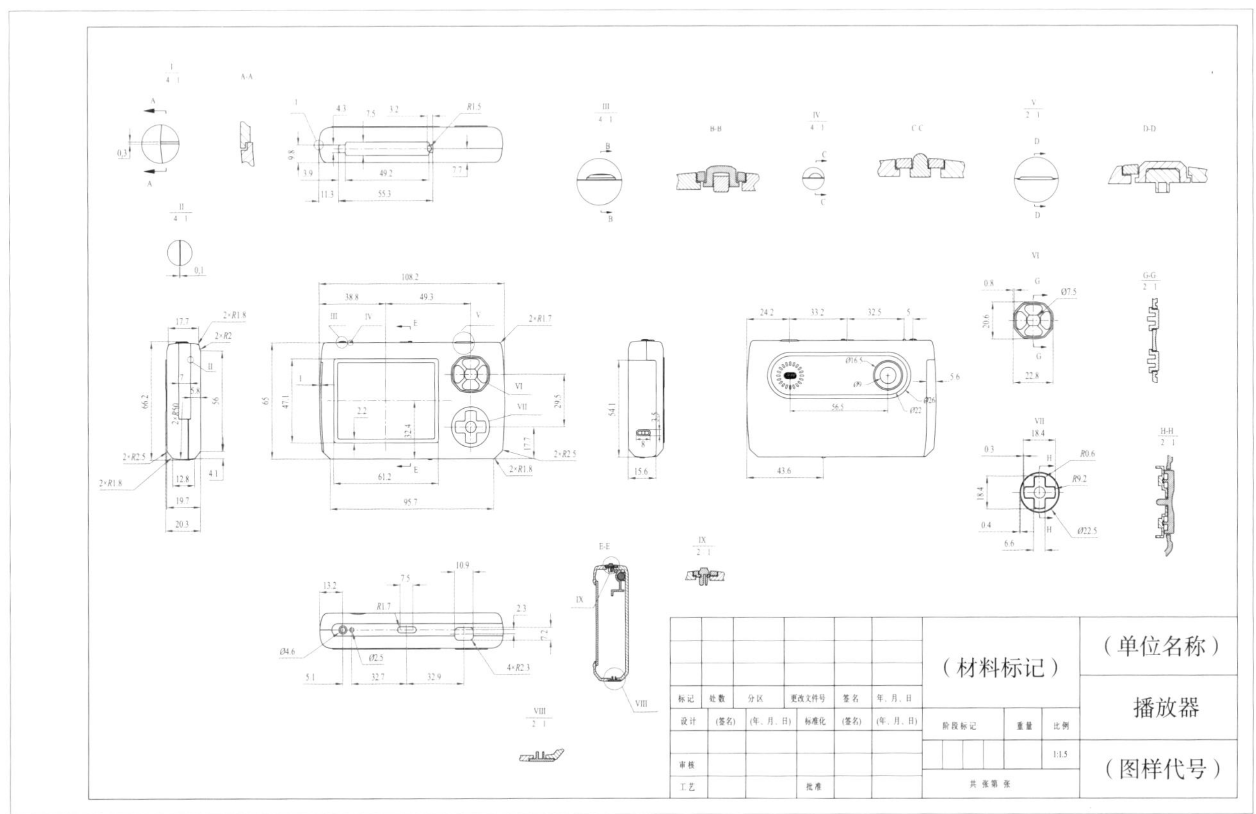

图 7-61 播放器总装图样

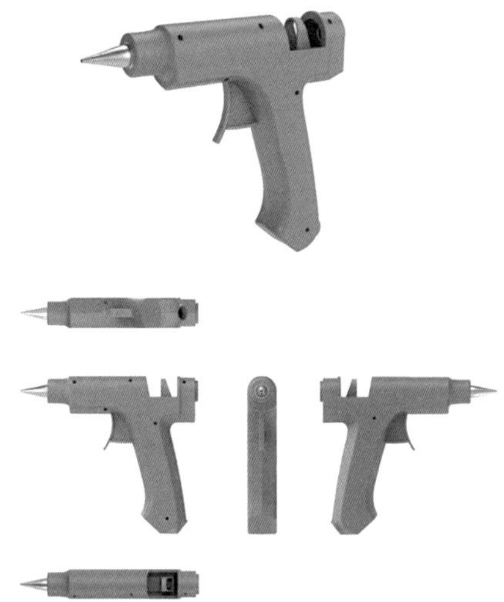

图 7-62 胶枪效果图

六、胶枪

胶枪为工具类产品，主体为塑料注塑件，在拓展学习中重点是对材料的选择及相应的结构设计。

1. 效果图

胶枪效果图，如图 7-62 所示。

2. 部分图纸

胶枪总装图样的局部，如图 7-63、图 7-64 所示。

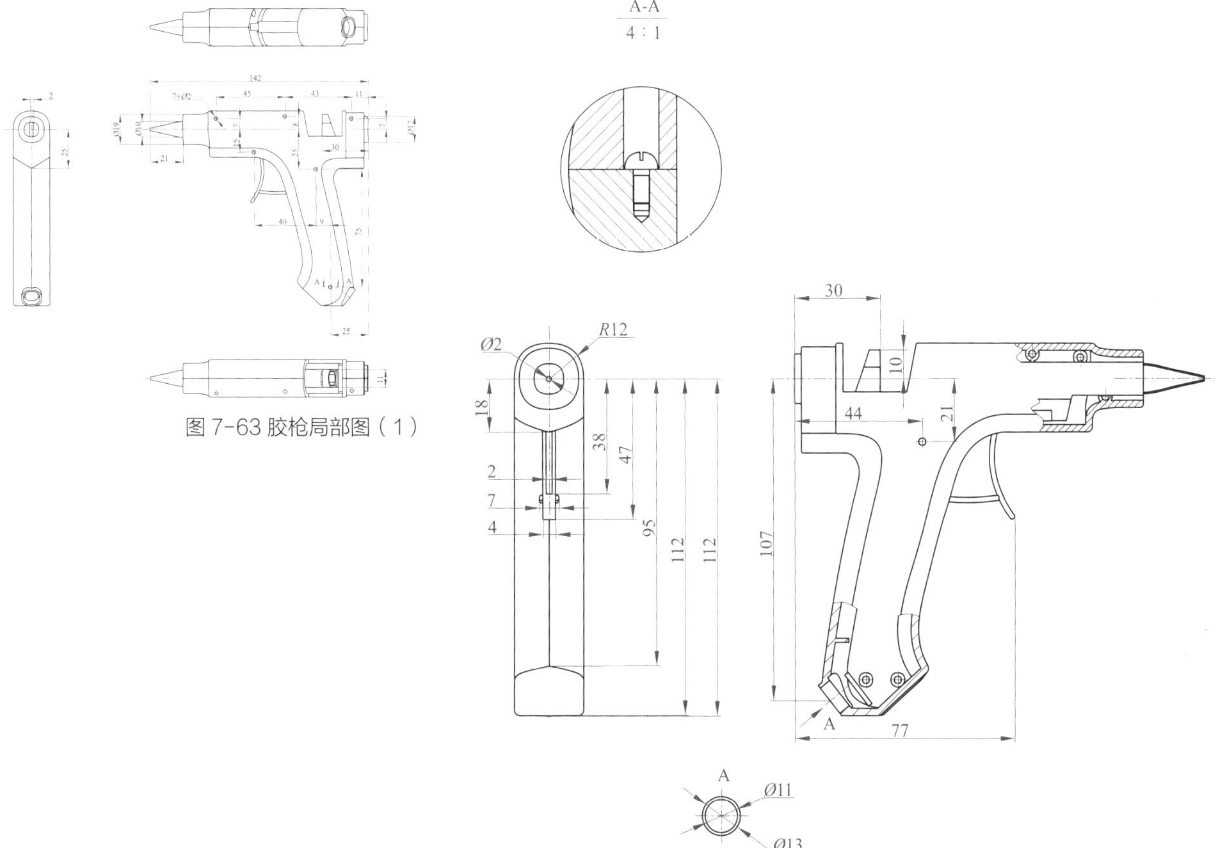

图 7-63 胶枪局部图（1）

图 7-64 胶枪局部图（2）

3. 总装图样

胶枪总装图样如图 7-65 所示。

码 7-7 胶枪制图范例

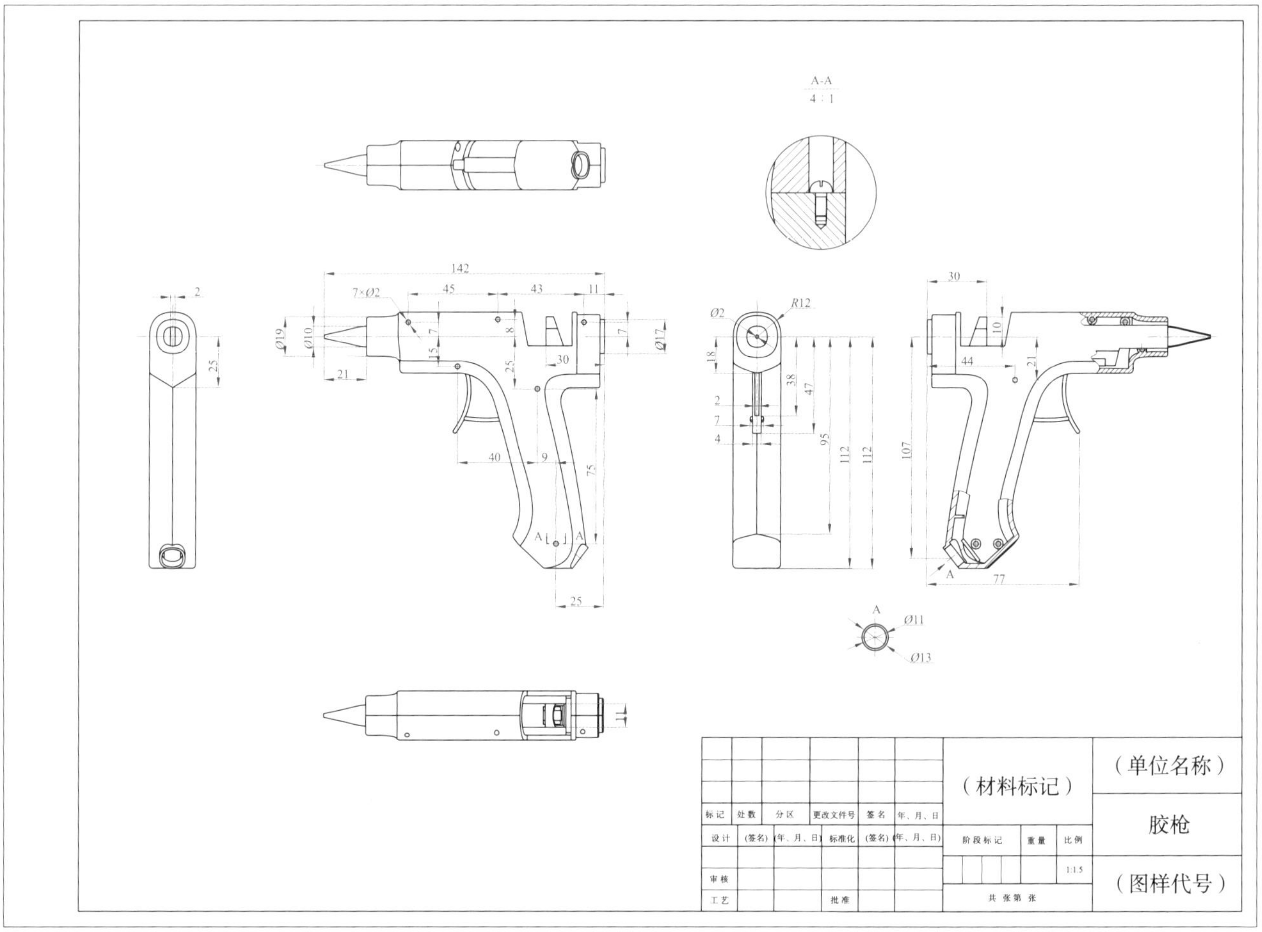

标记	处数	分区	更改文件号	签名	年、月、日	（材料标记）			（单位名称）
设计	（签名）	（年、月、日）	标准化	（签名）	（年、月、日）	阶段标记	重量	比例	胶枪
								1:1.5	
审核									（图样代号）
工艺			批准			共 张 第 张			

图 7-65 胶枪总装图样

七、对讲机

对讲机为三防类产品，主体为塑料注塑件，在拓展学习中重点是对防水结构的设计，即壳体、按键、屏幕和接口等之间的缝隙及密封性设计。

1. 效果图

对讲机效果图，如图 7-66 所示。

2. 外形六视图

对讲机外观六视图，如图 7-67 所示。

图 7-66 对讲机效果图

码 7-8 对讲机制图范例

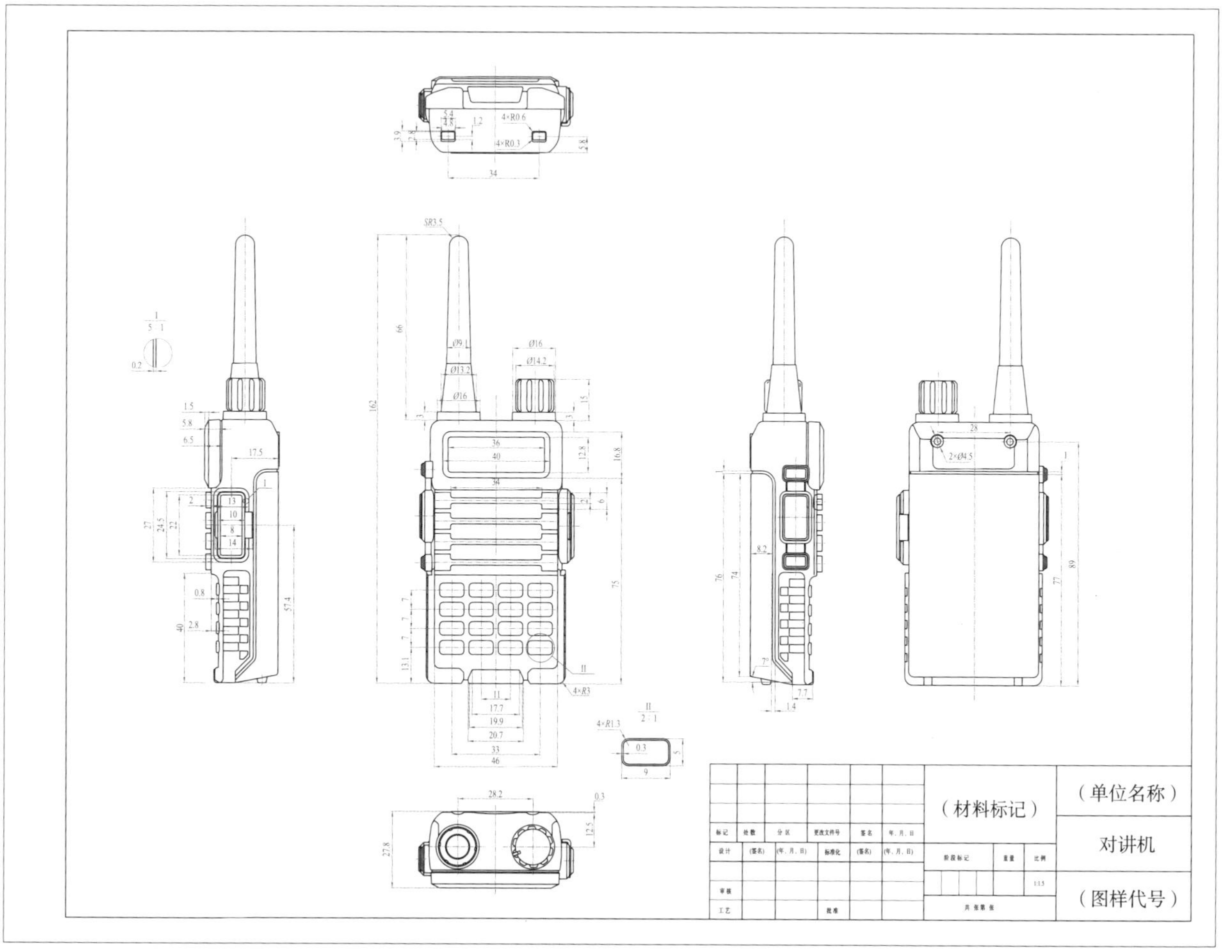

（材料标记）

（单位名称）

对讲机

（图样代号）

图 7-67 对讲机外观六视图

思考与练习

1. 绘制产品外观六视图。
2. 拆解产品绘制零件图装配图。

参考文献

1. 张强，陈骏 . 产品设计制图与 CAD[M]. 上海：上海交通大学出版社，2011.

2. 林悦香，潘志国，刘艳芬 . 工程制图与 CAD[M]. 北京：北京航空航天大学出版社，2016.

3. 林悦香，潘志国，杜宏伟 . 工程制图与 CAD 习题集 [M]. 北京：北京航空航天大学出版社，2016.

4. [美] 库法罗 . 工业设计技术标准常备手册 [M]. 姒一，王靓 ，译 . 上海：上海人民出版社，2009.

5.[日] 清水吉治，酒井和平 . 设计草图 · 制图 · 模型 [M]. 张福昌，译 . 北京：清华大学出版社，2007.

6. 清水吉治，川崎晃义 . DRAWING FOR PRODUCT DESIGN[M]. Japan，Tokyo：Publishing Service，2000.

7. 叶玉驹，焦永和，张彤 . 机械制图手册（第 5 版）[M]. 北京：机械工业出版社，2012.

8. 刘伏林，王柏玲 . 机械制图实用图样 1000 例 [M]]. 北京：机械工业出版社，2011.

9. 唐克中，郑镁 . 画法几何及工程制图（第 5 版）[M]. 北京：高等教育出版社，2017.

10. 高小梅 . 电子产品结构及工艺 [M]. 北京：电子工业出版社，2016.

11. 黎恢来 . 产品结构设计实例教程——入门、提高、精通、求职 [M]. 北京：电子工业出版社，2013.

12. 钟元 . 面向制造和装配的产品设计指南（第 2 版）[M]. 北京：机械工业出版社，2016.

后 记

多年来，设计专业招生规模屡创新高，而用人单位时常反馈企业需求与学生能力相差悬殊。因此，早在 2006 年我院工业设计专业就进行了设计工作室教学改革，回归应用型专业教学的本质问题：按照行业需求的人才标准，调整培养计划和课程体系，改变教学模式，确定了数十年的目标，即针对设计专业的核心能力：设计表达能力、设计创新能力、设计工程能力、信息分析与整合能力、团队合作能力，五个重要的核心专业能力作为培养计划的指标与主线，贯穿于理论和实践教学环节。

作者从事设计教育多年，有着丰富的科研经验，深知核心专业能力是设计人才培养的基础和重点，是衡量学生专业能力的关键，是教学建设的指挥棒。而设计工程能力教学是一个递进式的培养过程，本书在设计制图课程教学中摒弃繁杂冗余的环节，针对关键知识点，结合设计实践、行业发展，对书中内容也做了相应设计，细化为对学生不同阶段工程能力的培养：不仅使学生掌握基础设计工程实践能力，如工程读图、绘图能力，也要培养进阶能力，即常见产品结构 、工艺的理解、应用能力，最终达到综合的设计工程创新能力。

最有效的教学就是将知识与兴趣相结合。书中有大量的实例，内容抽象难于理解，因此很多图例同步采用了三维效果图展现，用以辅助学生理解形体，将枯燥的学习过程立体化、趣味化，提升学习效果。工程图绘制的产品案例既有不同造型、结构，也包含了不同材料、工艺，以期让学生多方面了解不同类型产品的设计制图表现方法，拓展学生眼界，实现与企业人才需求对接。

写作过程中，作者得到了西南大学出版社各位编辑专业而中肯的指导意见，让本书的写作目的聚焦于应用型设计教育，凸显专业能力，清晰集中，对此深表谢意！希望我们的工作，能够为祖国的工业设计教育事业添砖加瓦。

本书由沈阳航空航天大学王卓、陈骏编者。本书共分为七章，第一章至第四章，以及第五章第一节至第二节由王卓编写；第五章第三节，第六章、第七章由陈骏编写。

王卓、陈骏

于沈阳航空航天大学设计艺术学院

2022 年 03 月 31 日